西昆仑—喀喇昆仑成矿带
成矿规律及遥感技术应用

乔耿彪　伍跃中　等　著

科　学　出　版　社
北　京

内 容 简 介

本书是在国家科技支撑计划项目"西昆仑—帕米尔金属矿产快速勘查评价方法技术研究与找矿靶区优选评价"核心成果的基础上，经提炼、修改和补充而完成的专著。本书的主要内容有：对新疆西昆仑—喀喇昆仑地区开展了以成矿单元划分、成矿系列构建和成矿谱系厘定为重点内容的成矿规律研究；充分利用多种遥感数据进行成矿/控矿地层、构造、岩浆岩等要素的遥感影像应用对比研究，从而实现了多元、多层次遥感技术的综合应用并取得相应成果；对主要矿种或典型矿床建立了高分遥感找矿模型，在塔什库尔干地区、黑恰地区、岔路口一带分别圈定了沉积变质型磁铁矿、海相沉积改造型菱铁矿和沉积喷流型铅锌矿综合找矿靶区，综合分析认为达布达尔已经形成大型铁矿矿集区。本书内容丰富，资料翔实，图文并茂，实用性和可读性强，对区域地质调查和资源勘查工作具有重要的参考价值。

本书可供从事区域地质、矿产资源、遥感地质等方面的调查、勘查和科研工作的人员及大专院校师生参考使用。

图书在版编目（CIP）数据

西昆仑—喀喇昆仑成矿带成矿规律及遥感技术应用／乔耿彪等著. —北京：科学出版社，2023.4

ISBN 978-7-03-075150-8

Ⅰ.①西… Ⅱ.①乔… Ⅲ.①遥感技术–应用–昆仑山–成矿带–成矿规律–研究 Ⅳ.①P617.2

中国国家版本馆 CIP 数据核字（2023）第 044926 号

责任编辑：王 运／责任校对：何艳萍
责任印制：吴兆东／封面设计：图阅盛世

科 学 出 版 社 出版
北京东黄城根北街 16 号
邮政编码：100717
http://www.sciencep.com
北京建宏印刷有限公司印刷
科学出版社发行 各地新华书店经销

*

2023 年 4 月第 一 版　开本：787×1092　1/16
2024 年 3 月第二次印刷　印张：11 1/4
字数：300 000

定价：158.00 元
（如有印装质量问题，我社负责调换）

本书主要作者名单

乔耿彪　伍跃中　张汉德　金谋顺

王　萍　陈登辉　赵晓健　王立社

曹　新　张　转　陈霄燕

前　　言

　　新疆西昆仑—喀喇昆仑地区位于古亚洲构造域与特提斯构造域的接壤区，经历了复杂的地质发展过程，成矿建造齐全，构造环境多样，成矿条件优越。成矿时代从古元古代一直持续到燕山期，地层、构造、岩浆活动、变质作用等对成矿的控制作用明显。调查区内主要金属矿产矿种有：铁、锰、铅锌、锂铍、金、铜等。已发现近50个矿种，矿（化）点400余处，其中大型矿产地9处，中型矿产地16处。主要有赞坎、老并、莫喀尔、吉尔铁克沟等沉积变质型铁矿，切列克其等沉积改造型菱铁矿，大红柳滩伟晶岩型稀有金属矿，火烧云沉积喷流型铅锌矿，玛尔坎苏沉积型锰矿，塔木、卡兰古等密西西比河谷型（MVT）铅锌矿，萨落依等火山岩型铜矿，特格里曼苏、吐根曼苏等砂岩型铜矿，欠孜拉夫铅锌铜多金属矿等沉积改造-层控热液型铅锌矿，其中西昆仑塔什库尔干地区的沉积变质型铁矿、昆北的玛尔坎苏锰矿、甜水海地区的铅锌矿、大红柳滩的锂铍矿都已成为大型-超大型矿床勘查开发基地。

　　鉴于调查区矿产资源丰富，成矿地质条件优越，成矿潜力较大，科技部、新疆维吾尔自治区人民政府305项目办公室设立了"十二五"国家科技支撑计划重点项目"新疆重要成矿带战略性矿产资源预测与靶区评价"，其第五课题"西昆仑—帕米尔优势矿产资源预测和靶区优选"（课题编号2011BAB06B05，课题负责单位为中国科学院广州地球化学研究所）下设的第二专题"西昆仑—帕米尔金属矿产快速勘查评价方法技术研究与找矿靶区优选评价"（专题编号2011BAB06B05-02，工作周期为2011～2015年）由中国地质调查局西安地质调查中心负责承担。项目团队联合多家勘查单位，在全面收集调查区内已有地质、矿产、地球物理、地球化学及遥感资料基础上，针对西昆仑—喀喇昆仑地区重要矿床类型，在区域成矿地质条件和成矿规律研究的基础上，以卫星遥感为主要技术手段，对重点解译区开展成矿地质条件遥感解译与分析，同时针对塔什库尔干和黑恰—岔路口两个重要找矿远景区进行遥感蚀变异常信息提取；在此基础上，以已知的沉积变质型磁铁矿、海相沉积改造型菱铁矿和沉积喷流型铅锌矿等典型矿床为主要研究对象，开展大比例尺遥感地质解译，分别建立典型矿床遥感找矿模型；同时充分收集和分析区域地质、物探、化探和遥感成果资料，圈定和筛选找矿靶区，并联系有关地勘单位或矿业公司对找矿靶区择优进行验证和评价工作；最后系统总结上述工作成果和技术方法流程，探索建立西昆仑—喀喇昆仑地区高海拔、深切割、高山区自然条件下金属矿产预测和快速圈定找矿靶区的最佳技术方法组合，构建找矿靶区快速优选评价的技术方法体系，为找矿突破提供技术支撑。

　　本书的主要内容包括三个方面：①在新疆西昆仑—喀喇昆仑地区开展了成矿规律研究，重点划分了成矿单元，构建了主要成矿带的成矿系列及其成矿系列家族，厘定了喀喇昆仑成矿带的成矿谱系；②充分利用多种遥感数据，特别是高分遥感数据，开展了成矿/控矿地层、构造、岩浆岩等要素的遥感影像应用对比研究，实现了多元、多层次遥感技术的综合应用并取得相应成果；③对沉积变质型磁铁矿、海相沉积改造型菱铁矿和沉积喷流型铅锌矿的典型矿床建立了高分遥感找矿模型，在塔什库尔干地区、黑恰地区、岔路口一带圈定了重点矿种综合找矿靶区 6 处，综合评价认为达布达尔已经具备大型铁矿矿集区规模。

本书为集体成果，是"西昆仑—帕米尔金属矿产快速勘查评价方法技术研究与找矿靶区优选评价"项目参与单位和技术人员辛勤工作和研究的结晶。参加资料整理和编写工作的主要成员有乔耿彪、伍跃中、张汉德、金谋顺、王萍、陈登辉、王兴安、赵晓健、王立社、王俊峰、曹新、王核、张转、陈霄燕和杜玮等，最后由乔耿彪统稿。其中乔耿彪、伍跃中重点负责调查区区域成矿规律、典型矿床解剖、找矿模型研建、靶区优选评价等综合研究工作；张汉德负责区域基础地质资料的收集整理、汇总以及项目可行性研究与经济评价；金谋顺等主要负责遥感影像处理、蚀变解译、典型波谱测试等遥感方法技术研究；王萍负责区域沉积地层地质资料的收集整理和分析评价；陈登辉负责塔什库尔干地区典型铁矿床的成矿特征研究；王兴安、王立社负责物探和化探资料等的收集分析；赵晓健负责甜水海—岔路口一带成矿地质背景和相关地质图件的研究编制；张转、陈霄燕主要负责遥感图件和地质图的成图、整饰等工作；曹新负责境外邻区地质资料的收集和翻译工作。

在调查和研究过程中，新疆维吾尔自治区人民政府 305 项目办公室段生荣（原）主任、潘成泽（原）副主任、朱炳玉副主任、郭宏处长和邱林副处长等亲临野外现场检查指导工作；中国科学院广州地球化学研究所、中国煤炭地质总局航测遥感局遥感应用研究院、有色金属矿产地质调查中心新疆地质调查所、中国石油长庆油田分公司勘探开发研究院及工程造价管理部等课题协作单位通力合作，密切配合，确保了各项工作的顺利开展；河南省地质调查院陈俊魁高级工程师、刘品德高级工程师、新疆维吾尔自治区地质矿产勘查开发局第二地质大队冯昌荣总工、石玉君副队长、郝延海副总，第六地质大队刘洋旭工程师，地球物理化学探矿大队谢渝高级工程师、第八地质大队李才工程师等为项目的野外工作提供了便利；北京离子探针中心、核工业北京地质研究院、中国科学院地质与地球物理研究所等单位帮助开展了样品的检验测试；中国地质科学院韦延光副院长，中国地质调查局西安地质调查中心杜玉良（原）书记、李文渊（原）主任、唐金荣书记、李建星主任、蔺志永副主任、计文化副主任、刘拓副总工程师、董福辰处长、高晓峰处长、张照伟副处长、陈隽璐副处长、雷勇孝副处长、任广利副主任、校培喜教授级高级工程师、杨合群研究员、黄洪平副研究员、叶芳研究员、张汉文研究员、赵慧博工程师和隋清霖助理工程师等对研究工作给予了指导和帮助；西安地质调查中心矿产地质室、自然资源综合调查室、基础地质室、中亚和西亚地质调查合作中心部分同仁对本研究给予了宝贵的支持。这些为研究成果的综合提升打下了基础。在此对支持项目工作的各位领导、专家和同仁表示真诚的谢意！

目　　录

第一章 绪 论

第一节 位置交通、自然经济地理及景观概况

西昆仑—喀喇昆仑地区位于我国西北边境地区，其西部分别与塔吉克斯坦、阿富汗、巴基斯坦和印度接壤。行政区划属新疆维吾尔自治区克孜勒苏柯尔克孜自治州、喀什地区与和田地区管辖。调查区地理坐标介于北纬 34°20′～39°25′、东经 73°30′～84°00′范围，呈东西长 1100km、南北宽 80～280km 的弧形带状，面积约 25 万 km²。

调查区内公路网极不发育，进入调查区的重要交通干道主要依靠 G314 和 G219 国道，均为翻山盘道。G314 国道即中巴公路，从喀什出发经塔什库尔干县至中巴红其拉甫口岸，全长 415km；G219 国道即新藏公路，由喀什地区叶城县出发经库地、赛图拉镇、红柳滩至西藏阿里地区，在新疆境内该段公路长 730km，其间行经六个达坂，翻越海拔达 5200m。离开新藏公路（G219 国道）和中巴公路（G314 国道）的其他区域，90% 以上不能通车，需要依靠畜力或人力运输，野外工作几乎全部靠人力徒步或骑乘牲畜代步。每年 4～10 月为运输繁忙季节，也是洪水、雨水和冰川融水易发季节，常引发泥石流、滑坡、落石等灾害，对道路、桥梁都有很大影响，严重影响通行安全，交通极为不便。

调查区地形由北向南逐渐升高，相对高差 1000～2500m，河谷深切，多峡谷，水系发育。整个西昆仑、喀喇昆仑山向西与帕米尔高原相接，向东与东昆仑山、向南东与西藏可可西里相接，形成世界屋脊，多为人迹罕至之地。北部的昆仑山脉海拔 3000m 左右，南部的喀喇昆仑山脉海拔 5000m 以上，有数十座海拔 6000m 以上的冰峰，终年积雪，高耸入云，属典型的高原丘陵-中高山-极高山地貌，地形切割严重，山高坡陡，多见悬崖峭壁。调查区内发育众多冰雪融水形成的河流，水系较为发育，但是每年 7、8 月高山上的冰雪季节性消融常成灾害，影响野外作业安全。

调查区总体位于甘新温带、暖温带干旱地区和青藏高原地区两大气候区，常年受两大气候带的影响，气候多变，温差较大。北部低海拔地区年平均气温为 –2.3℃，最高 24.2℃，最低 –33.3℃，降水量平均 31.2～69.1mm；南部高海拔山区具有低温寒冷、四季不分、空气稀薄、日照长、太阳辐射强、冬夏及昼夜温差大等特点，是典型的高原气候。

调查区内居民稀少，分布极不均匀，集中分布于本区的西北部和北部。主要沿塔什库尔干断陷及山前沟谷分布，塔什库尔干县是区内唯一的县城。主要民族有维吾尔族、塔吉克族、柯尔克孜族、蒙古族、汉族。区内经济发展很落后且不平衡，地方工业仅在北部边缘有杜瓦煤矿、小水泥厂、小电厂、烧石灰厂等，在昆仑山北坡，靠近塔里木盆地边缘农牧业较发达，种植有小麦、大麦、青稞、玉米、豌豆、油菜等和部分水果，以自给为主。牧业以放牧牛、羊、骆驼、驴和马为主。在新藏公路沿线有麻扎、三十里营房、康西瓦、大红柳滩和甜水海等兵站、通信站、医疗站、气象站、地方运输站和公路养护道班。沿途

水源丰富，用水方便。山区工作所需物资需从叶城县、皮山县、和田市和民丰县等供给。区域南部星罗棋布的高山湖泊有的已成盐矿。遍布高山区的冰雪是一个天然固体水库，各主要水系落差很大，可供水力发电。西昆仑—喀喇昆仑地区是新疆南部重要的经济发展区之一。调查区内有通往塔吉克斯坦共和国、巴基斯坦和阿富汗等多个对外开放口岸，以及西藏西北部的必经之处。区内喀什地区、和田地区、克孜勒苏柯尔克孜自治州等地州，是新疆南部主要农业区和民族经济区，近年来矿业开发有进一步发展。区域水资源丰富，油气资源充足。该区域的资源开发，对少数民族脱贫致富和新疆的稳定发展都有重要意义，同时对支援西藏建设也十分重要。

第二节　以往地质工作程度

西昆仑—喀喇昆仑地区自然条件极为恶劣，新中国成立前一些西方国家和苏联的一些地球科学家和探险家开展过地形和路线地质考察。新中国成立后，自 20 世纪 50 年代以来，地质矿产部、中国地质调查局、中国科学院、中国地质科学院等单位在西昆仑—喀喇昆仑地区开展了地质矿产调查及地质科研工作。随着 20 世纪 90 年代末新一轮国土资源大调查的开展，中国地质调查局在西昆仑—喀喇昆仑地区部署了大量的地质调查和综合研究工作，使本区地质工作程度有了较大提高。

一、以往基础地质调查工作

19 世纪末到 20 世纪 40 年代，主要是西方国家和苏联的一些地球科学家和探险家在喀喇昆仑、帕米尔、昆仑等地区开展过地形测量和概略地质考察。新中国成立以后，20 世纪 50 年代到 70 年代，我国地质工作者开展了一些小比例尺路线地质调查、区域地质调查和专题研究工作。70 年代，发布了新疆维吾尔自治区区域地层表、地层断代总结等。20 世纪 80 年代到 21 世纪初，以岩石圈结构及其动力学和高原隆升机制研究为主题，采用地质、地球物理、地球化学研究相结合的方法，开展了高层次、多学科的综合研究，并以多种形式开展了国际合作研究，取得了大量的研究成果。自 1999 年开始，西昆仑—喀喇昆仑地区迎来了地质调查工作快速发展时期，中国地质调查局在该区部署实施了青藏高原空白区 1:25 万区域地质调查和相应的基础地质综合研究工作，覆盖本项目调查区，涉及图幅共 20 幅；在地层古生物、区域岩石、区域构造、同位素年龄等方面取得了大量的新进展，发现了一批具有大型矿床潜力的矿产地，圈出了一些重要的找矿远景区。到目前为止国土资源大调查、新疆维吾尔自治区政府资金和中央专项共部署了 1:5 万区域地质和区域矿产地质调查 205 幅（包括区域地质调查 154 幅、矿产地质调查 51 幅）。这些 1:5 万区域地质和矿产地质调查工作主要部署在重要成矿区带，在基础地质和地质找矿方面均取得了新进展，发现了一批具有前景的矿产地和矿化有利地段。

二、以往矿产地质工作

矿产地质调查工作自 20 世纪 50 年代开始，陆续针对特定矿种实施了预普查工作，发现了一些新的矿产地,自 20 世纪 90 年代国土资源大调查开始以后,找矿成果突出。

20 世纪 50 年代地质部十三地质大队、新疆有色金属公司 702 队先后在布伦口—恰尔隆一带进行了中比例尺的地质矿产调查,702 队对塔木—卡兰古铅锌矿带进行了初步的普查与勘探;60 年代,新疆地质局第二地质大队相继在布琼、黑卡和切列克其进行过铁矿普查,除黑卡铁矿在 70 年代施工两个钻孔外,其余均为地表评价,铁矿基本未被利用,布伦口以南地区找铁工作较少涉及;1960~1961 年,新疆地质局第十地质大队对康赛音—卡尔赛一带的黄铁矿、铜、砂金、白云岩进行了矿点检查,对上其汗黄铁矿进行了初步勘探;1961~1963 年,新疆地质局喀什地质大队等单位先后在康西瓦一带进行过小面积的 1:20 万概略地质调查,并针对白云母、绿柱石等伟晶岩矿产开展了 1:1 万地质矿产调查及矿区详查,获得了本区白云母矿的重要资料。

20 世纪 60 年代,新疆地质局区域地质调查大队分别在木吉—塔什库尔干一带和布伦口—恰尔隆地区进行 1:100 万路线地质和矿产调查,发现了一大批金属矿床和矿化点,如切列克其铁(铜)矿床、米什干大沟中砂金矿化、哈拉墩铁铜矿床、卡拉玛铜矿床、砂子沟铜矿床、塔木—卡兰古铅锌矿带、特格里曼苏铜矿床、阿克塔什铜矿床和萨西萨苏铜矿床等,并且正式出版了这两个地区的 1:100 万地质图以及路线地质和矿产调查报告(1967),为以后该地区矿产资源普查评价工作奠定了基础。20 世纪 60 年代末至 70 年代,在塔什库尔干县热土坎地区伟晶岩分布区(1967)、阿克陶县塔木水晶矿产区(1972)、乌依塔克矿区(1979)等矿产地进行了 1:5 万地质和矿产调查,对库地含铜磁铁矿矿床、卡拉玛铜矿床、砂子沟铜矿床、木吉长洞铜矿床等矿产地进行了评价。

1987~1988 年,新疆地质矿产局第二地质大队开展 1:50 万成矿远景区划,划分了塔西南和西昆仑金、铅锌成矿带和预测区。1990~1994 年,新疆地质矿产局第十地质大队开展 1:50 万成矿远景区划,划分了和田地区铜、金、宝玉石、金刚石、稀有金属的成矿带和预测区。1992~1994 年,新疆地质矿产局开展了"新疆维吾尔自治区第二轮成矿远景区划",划分出金铜铅锌 5 个成矿带,铜 7 个亚带,金 2 个亚带,铅锌 3 个亚带,是一份重要的参考资料。1995 年,新疆地质矿产局开展了"新疆西昆仑西段重点片总体规划",该规划比较全面地阐述了北纬 36°00′00″~39°20′25″、东经 78° 以西的西昆仑山部分的成矿地质条件,并进行了工作部署。1996 年,新疆维吾尔自治区地质矿产勘查开发局完成了《新疆维吾尔自治区区域矿产总结》,对调查区内的矿产资源做了较为系统的研究,总结了成矿规律,进行了成矿预测。1991~1998 年,新疆维吾尔自治区地质矿产勘查开发局第二区域地质调查大队在昆盖山北坡开展 6 幅 1:5 万区域地质调查(1995~1998 年),同时对该区产出的块状硫化物矿点开展普查评价,随后在塔什库尔干东部的瓦恰地区开展 2 幅 1:5 万区域地质调查(1997~2000 年),对瓦恰一带铜铅锌矿点开展了初步评价。这些工作从不同角度提高了对西昆仑—喀喇昆仑造山带地质构造演化和矿产资源的认识程度。

2003 年以后,由国土资源大调查、新疆地方财政及中央专项出资,对西昆仑—喀喇昆仑地区开展了大量的矿产远景调查工作。各类资金已安排开展的项目 40 多项,工作内容包括:1:5 万化探扫面、1:5 万地面高精度磁法测量以及 1:5 万区域地质调查,以及对物探、化探等异常及矿点开展查证工作,其中开展的矿产资源调查评价及研究类项目近 30 个。对于发现的一些矿床还实施了重点矿床勘查工作,其中赞坎、老并、莫喀尔、叶里克等铁矿，开展了预查找矿工作，局部开展了普查工作。切列克其菱铁矿勘查近年也取得显著进展，矿区及其外围目前控制铁资源量已达 2 亿 t 以上，外围还有较大找矿潜力。对甜水海一带的多宝山铅锌矿、宝塔山铅锌矿、甜水海铅锌矿、卡孜勒铅锌矿等开展了普查评价工作，其中多宝山铅锌矿控制资源量达到中型矿床规模。

三、以往科研工作

20 世纪 80 年代以来，一些单位陆续进入昆仑山—喀喇昆仑地区进行科学研究，取得了一系列成果。前人出版的主要著作有：《昆仑开合构造》（姜春发等，1992）、《西昆仑造山带与盆地》（丁道桂等，1996）、《西昆仑块状硫化物矿床成矿条件和成矿预测》（贾群子等，1999）、《中央造山带开合构造》（姜春发等，2000）、《喀喇昆仑山—昆仑山地区地质演化》（中国科学院青藏高原综合科学考察队，2000）、《西昆仑金属成矿省概论》（孙海田等，2003）、《昆仑山及邻区地质》（李荣社等，2008）、《青藏高原及邻区前寒武纪地质》（何世平等，2014）和《青藏高原及邻区古生代构造-岩相古地理综合研究》（计文化等，2014）等。这些著作对西昆仑的形成和演化做了系统和全面的总结，对西昆仑地区的典型矿床成因类型、成矿时代和区域成矿规律、找矿方向等都做了系统研究。特别是《昆仑山及邻区地质》（李荣社等，2008）系统总结反映了昆仑山及邻区 2000 年以来 1∶25 万区调在地层、岩石、构造及地质找矿方面取得的新发现、新进展、新认识和新成果，与之配套新编了 1∶100 万昆仑山及其邻区地质图。

近年来，中国地质调查局、新疆维吾尔自治区人民政府 305 项目办公室等单位在南疆先后部署了一系列有关基础地质、矿产地质等方面的科学研究工作，开展了"西昆仑前寒武纪构造事件群研究"、"新疆西昆仑成矿带成矿规律和找矿方向综合研究"、"昆仑—阿尔金地质构造演化及成矿条件研究"、"西昆仑贵金属、有色金属大型矿床的成矿远景及靶区预测"和"昆仑—阿尔金成矿带地质矿产调查综合研究（2009～2013 年）"等项目。这些项目的进行，极大地提高了西昆仑地区的地质矿产研究程度，对西昆仑地区成矿规律及找矿方向有了新的认识。另外，国内外众多的地质学家对西昆仑—喀喇昆仑地区的各种地质问题进行了探讨，发表了大量文献，也极大地提高了西昆仑—喀喇昆仑地区的地质和矿产的认识程度。这些最新的研究成果对深化西昆仑—喀喇昆仑地区成矿地质背景、成矿条件和区域成矿规律认识起到了重要作用，并提供了较为丰富的基础资料。

第三节　卫星遥感技术在矿产勘查中的应用

矿产资源的评价与探测更加直接依赖于技术的创新，通过技术进步能够实现对成矿过程的深入理解，增强寻找大型矿床的能力。因此金属矿产找矿勘查新思路和新方法发展很快，如高空间分辨率遥感以及数字化等新技术的应用，为找矿靶区圈定、隐伏矿体的定位预测等提供了有力的技术支撑。

Landsat-7、Aster 卫星属常规卫星，可提供 30m 到 15m 的遥感信息；WorldView-2、SPOT-5、QuickBird（快鸟）等为高分辨率遥感卫星，高分卫星影像可提供空间分辨率超过 1m 甚至达到厘米级的遥感信息；航天细分高光谱（几百个波段）遥感技术已达到生产应用阶段；多光谱技术以及相配套的多元遥感数据的融合和信息增强提取技术的应用，使遥感技术从间接的勘查技术逐步向直接的找矿技术迈进。数字化技术的应用与普及，使地质勘查技术进入建立新一代技术体系的关键时期。基于 GIS（地理信息系统）的地学空间数据库的建立，使各类地学信息的处理、分析、表达和管理发生了根本性的变化。

传统的遥感应用于地质找矿方面主要是各种比例尺的解译，侧重于地质构造格架、岩石地层、岩浆岩等成矿/控矿地质条件解译与分析。高分辨率遥感技术的发展，为矿区快速评价提供了重要的基础信息和分析研究平台。

现代遥感不仅能提取地质和蚀变信息，还能进行其他手段无法进行的有效填图，结合地球物理、地球化学、野外和实验室光谱等，还能加深对矿床成因的理解。现代光谱地质结合 XRF（X 射线荧光光谱分析）和 GPS（全球定位系统）能够对矿物和蚀变带原地定量填图。TM/ETM 从铁氧化物和含羟基矿物来提取矿化蚀变信息，大区域快速圈定找矿靶区。Aster 在黏土区 SWIR（短波红外区）的 5 个波段，提供了区分黏土矿物类型和一些硫酸盐、碳酸盐的能力，可以区分黏土、高级黏土、绢英岩和青磐岩，以及方解石和白云石；短波区的 3 个铁波段可以区分黄钾铁矾与赤铁矿和褐铁矿。障碍是需要校正到对应的矿物反射率区间才能区分这些矿物组合，没有辅助数据很难做到这点，这极大地限制了该仪器作为常规勘探工具的能力。Crosta 提供了多元统计方法对蚀变带填图，不需要大气校正。Aster 有 5 个热波段，像元大、信噪比低，有能力对硅质岩和碳酸盐填图，但噪声多，并不总是有效。航天高光谱 Hyperion 的信噪比还不能满足勘探和填图的要求。热红外是正在发展、尚未应用的勘探工具，其前景是可对硅质、硅酸盐类和碳酸盐填图。

具体的遥感矿化蚀变信息的提取研究国外早于国内。国外早在 20 世纪 70 年代就发现在短红外波段的 1.6μm 到 2.2μm 之间两个波谱带反射率比值可以提供蚀变岩石和未蚀变岩石最大分辨率；可以利用羟基在可见光到近红外的波谱响应特征确定的矿物来圈定蚀变岩石。20 世纪 80 年代，智利利用航空摄影照片解译矿化蚀变，发现了玛尔泰和洛博金矿。到 20 世纪 90 年代，出现了利用主成分分析法进行蚀变岩的研究，如对伊朗 Meiduk 地区斑岩铜矿区应用 TM 图像光谱与热液蚀变矿物的耦合机制，采用三种主成分分析法对矿区蚀变岩进行对比分析。近年，已经出现利用 Avirs 和 Aster 数据对成层火山的热液蚀变进行观测与研究。

国内这方面的研究工作开始于 20 世纪 90 年代，1991 年赵元洪等提出了波段比值的主成分复合法；1995 年何国金提出了"微量信息处理"方法；1997 年马建文提出了 TM 掩膜+主成分变换+分类识别提取矿化信息方法；1999 年张远飞等利用"多元数据分析+比值+主成分变换+掩膜+分类（分割）"的方法在新疆、内蒙古、江西及云南等地成功地提取了金矿化蚀变信息；2000 年刘素红等利用 Gram-Schmidt 投影方法在高山区提取了 TM 数据中的含矿蚀变带信息；2003 年，刘成等利用混合像元线性分解模型提取了卧龙泉地区黏土蚀变信息。2003 年张玉君等建立了"去干扰异常主分量门限化技术流程"。该方法在调查区已开展了 1∶50 万～1∶25 万遥感地质解译全覆盖，其中中国国土资源航空物探遥感中心完成了西昆仑 11 幅 1∶25 万遥感地质解译（2003）；中国地质调查局西安地质调查中心完成了整个西昆仑—阿尔金造山带 1∶50 万遥感地质解译（2005）；中国煤炭地质总局航测遥感局完成了西昆仑地区遥感找矿异常提取方法研究（2002）；中国国土资源航空物探遥感中心和新疆维吾尔自治区地质矿产勘查开发局地质调查院分别完成了2个"西昆仑—阿尔金成矿带矿产资源遥感综合调查"（1∶10万遥感解译）工作项目（2010），面积24800km²。地质大调查项目陆续开展了1∶5万遥感调查，2009~2010年部署了"叶城县柯克亚—皮山县杜瓦一带1∶5万航空磁测范围多光谱遥感信息提取研究"项目；2010~2012年开展了"西昆仑成矿带矿产资源1∶5万遥感综合调查"项目13个，覆盖面积达10.65万km²，已占西昆仑—喀喇昆仑地区面积的59.17%。

这些工作的实施进一步促进了该区域地质工作研究程度的提高，为遥感方法技术研究的开展积累了经验。

第二章　成矿地质背景

第一节　矿产产出背景

近年来，随着人类对矿床形成与保存条件认识的深化，地质背景在找矿工作中的作用，被越来越多的地质学家所重视。其中，地质构造环境与矿床形成及保存的关系，是成矿地质背景与成矿作用关系研究的一个重要方面（李锦轶，2012）。调查区位于古亚洲构造域与特提斯构造域的结合部位，主要构造单元包括：塔里木陆块南缘的铁克里克断隆带、西昆仑造山带、北羌塘地块西段和巴颜喀拉中生代浊积盆地褶断带的西北缘4个部分，构造单元及次级单元之间均以蛇绿构造混杂带及深大断裂带为界。现将各构造单元特征分别简述如下。

一、铁克里克断隆带

铁克里克山属于塔里木地块南缘断隆带，地层组成以古元古界为主，西段有少量中元古界、南华系、震旦系、上古生界及新生界，缺失下古生界。侵入岩仅在南部边缘有少量分布。其中古元古代赫罗斯坦岩群、埃连卡特岩群和阿尔金山地区的阿尔金岩群一致，都是高角闪岩相（局部有麻粒岩相）-低角闪岩相变质的片岩、片麻岩、混合岩以及磁铁石英岩、大理岩、变质火山岩。厚度大，经受了多期变形变质作用的改造，总体呈有层无序状态，其原岩整体组合属活动型沉积。该区长城系为细碧角斑岩建造，与阿尔金地区存在明显区别。该区是塔里木地层区唯一有确切证据的南华—震旦系的分布区，有南华纪的冰成杂砾岩和纹泥岩，属大陆冰盖型及处于海陆过渡地区的混合型冰水堆积，具有稳定型的组合特征。晚古生代总体为滨浅海相碳酸盐岩和碎屑岩、局部滨海沼泽相碎屑岩夹薄层煤沉积，晚二叠世以后转为陆相沉积。

二、西昆仑造山带

主要位于昆仑造山带的西段，早前寒武纪具多陆块、多类型的特点，如西昆仑库浪那古岩群（可能还有赛图拉岩群的一部分），喀喇昆仑的布伦阔勒岩群，这些岩群主体为一套高角闪岩相（局部含麻粒岩相）的高级变质，强变形的无序岩石组合，既有变质表壳岩系，也存在典型的硅铁建造和大量的古老变质侵入体，它们大部分可能属古元古代，是西昆仑的结晶基底（不同微陆块）。昆仑中新元古代低级变质浅海相碎屑岩-叠层石碳酸盐岩稳定型沉积建造与活动型中级变质火山岩及碎屑岩同时发育。西昆仑阿拉玛斯变玄武岩等出露千余公里，有数十个大小不等的超镁铁质岩，形成时代、构造环境仍然众说纷纭，它们的存在是否代表中新元古代昆仑刚性块体之间的裂解、汇聚与 Rodinia（罗迪尼亚）超大陆裂解、汇聚的耦合性，仍属昆仑研究的热点之一。西昆仑的南华—震旦系称阿拉叫依岩群，目前将其与塔里木南缘的恰克马克力克组、柴达木北缘的全吉群、南沱期冰碛层相对比，似乎说明在新元古代晚期—震旦纪，昆仑、柴达木、塔里木实际上已成为一个统一块体，同时昆仑造山带 800Ma 左右的片麻状花岗岩大量发育，似乎也印证此期间陆块的汇聚。

早古生代早期昆仑造山带既发育浅海陆棚相细碎屑岩，同时也发育裂解型火山岩，而库地—其曼于特—祁漫塔格山（昆北）和柳什塔格—诺木洪—乌妥（昆中）南北两条蛇绿构造混杂岩的发育及昆北弧型花岗岩及滩间山群，纳赤台群、库拉甫河组及志留系赛什腾组不同类型边缘盆地沉积组合，则是昆仑早古生代洋盆扩张、消亡的完整记录。

晚古生代昆仑泥盆纪早中期主要为一套陆表海沉积，晚泥盆世为磨拉石—基性—酸性火山岩、火山碎屑岩组合，并发育基性岩墙群。标志着晚古生代裂解事件，昆仑石炭纪由北向南依次发育塔南缘台地相碳酸盐岩，他龙—库尔良—托库孜达坂山陆缘裂谷碎屑岩、火山岩；昆中浅海碎屑岩、碳酸盐岩、火山岩；昆南斜坡相碎屑岩、火山岩夹硅质岩，显示一种堑垒相间格局。早中二叠世苏巴什—阿尼玛卿则发育了小洋盆蛇绿岩、放射虫硅质岩与洋岛型沉积组合，及大量沿昆中带石炭—二叠纪发育的中酸性岛弧型侵入岩；晚二叠世，昆仑裂谷小洋盆闭合。

根据上述特征，昆仑造山带可进一步划分为：北昆仑早古生代岩浆弧带、库地—其曼于特早古生代结合带、中昆仑微陆块（早古生代复合岩浆弧带）、乌妥—诺木洪—柳什塔格中新元古代—早古生代蛇绿构造混杂岩带、南昆仑早古生代增生楔杂岩带五个次级构造单元。

昆仑造山带及南北邻区发育有三条蛇绿构造混杂岩带，它们是不同地质历史时期重大地质事件的代表，有着不同的动力学机制；它们往往是构造岩浆活动最为强烈的地区，同时也是多期复合叠加成矿作用最活跃的地区。现将其特征分别简述如下。

1. 库地—其曼于特早古生代蛇绿构造混杂岩带

库地—其曼于特早古生代蛇绿构造混杂岩带，西起塔什库尔干县的库浪那古河上游（被康西瓦—瓦恰断裂带截切），向东大体沿西昆仑北部边缘近东西向延伸，经库地、库尔良、其曼于特，在叶亦克地区其汗河上游为阿尔金南缘断裂所截切，在调查区内断续出露600km。沿该带断续残留有库地蛇绿岩、其曼于特蛇绿岩等。岩石组合及其地球化学特征显示西昆仑—喀喇昆仑地区以蛇绿岩为主体，应属不成熟的洋壳-小洋盆构造背景；结合东西昆仑新元古代—早古生代地层、岩浆建造、变质改造相近，同属于一个古生物区，以及沿该带出现的高温变质作用等，认为其形成于弧后盆地构造环境。

2. 乌妥—诺木洪—柳什塔格中新元古代—早古生代蛇绿构造混杂岩带

乌妥—诺木洪—柳什塔格中新元古代—早古生代蛇绿构造混杂岩带（简称昆中构造混杂岩带）按形成时代和混杂带所卷入地层可分为两类。其一是混杂于前寒纪深变质岩系之中的镁铁-超镁铁岩，西昆仑—喀喇昆仑地区主要为变质基性火山岩，岩石地球化学特征显示有小洋盆蛇绿岩、绿岩系或层状杂岩，形成时限介于 1480～982Ma；二是与纳赤台岩群火山–碎屑岩相关的镁铁–超镁铁岩,在西昆仑断续出露于苏巴什以北的柳什塔格主峰一带。

3. 康西瓦—木孜塔格—阿尼玛卿晚古生代缝合带

北界为苏巴什—木孜克鲁克山南坡—野牛泉—黑海南—西大滩—阿拉克湖—托索河—阿尼玛卿山断裂;南界为康西瓦—木孜塔格峰—布青山南缘断裂,东延入甘肃。缝合带内组成复杂,有前寒武纪变质岩块体,中新元古代的镁铁质—超镁铁质岩块,早古生代的蛇绿岩残块,主体为石炭—二叠纪的碎屑岩、复理石及其间所夹的蛇绿岩块体。

早古生代蛇绿岩残块在西昆仑—喀喇昆仑地区不发育。晚古生代蛇绿岩(或蛇绿混杂岩)在西昆仑出露于苏巴什,呈透镜状产出,同位素年龄 $340.3 \pm 11.6 \sim 65 \pm 15Ma$。

总之,康西瓦—木孜塔格—阿尼玛卿缝合带的物质组成以晚古生代蛇绿岩、洋岛等洋盆沉积及相关的边缘沉积建造为主体,其中包含有前寒武纪变质岩块、早古生代蛇绿岩残片,结合昆仑、羌塘地区泥盆系与下伏地层的不整合关系,反映该缝合带奠基于昆南早古生代弧前增生楔杂岩带之上,在晚古生代经历裂解、扩张,中晚二叠世之交主体完成拼合的复杂消减拼贴过程。

三、北羌塘地块西段

该区位于该地块西北段喀喇昆仑山一带。地块基底为布伦阔勒岩群,属于高角闪岩相片麻岩夹片岩,苏联在西帕米尔与本群相当的变质岩系中获得 $2700 \sim 2130Ma$(U-Pb,Rb-Sr)年龄,为古元古代,不排除有新太古代地层。之上的盖层沉积是中元古代甜水海岩群,为一套稳定型碎屑岩-碳酸盐岩,下部绿片岩相泥质碎屑岩,中部块状石英岩,深色石英片岩,上部为白云岩、白云质灰岩,含叠层石。奥陶系仅出露台地碳酸盐岩及生物礁丘,顶部含丰富三叶虫及头足类化石。志留系温泉沟组,为深水复理石碎屑岩夹中性火山岩。晚古生代,区域性缺失下泥盆统,中上泥盆统在喀喇昆仑角度不整合在奥陶或志留纪地层之上。中泥盆统落石沟组为浅水碳酸盐岩夹碎屑岩;上泥盆统天神达坂组,为滨岸–潮坪相碎屑岩夹碳酸盐岩,底部具河流相砾、砂岩。石炭—二叠系为浅海碎屑岩–碳酸盐岩沉积组合,下石炭统帕斯群为台地相灰岩,上石炭统恰提尔群,下部为潮坪相碎屑岩,上部为碳酸盐岩,与下伏帕斯群整合或角度不整合,上覆被下二叠统红山湖组台地相碳酸盐岩平行不整合。下中二叠统为神仙湾群和红山湖组,前者为陆缘裂陷盆地相碎屑岩夹杏仁状蚀变玄武岩,后者为高能台地相碳酸盐岩,上二叠统温泉山组为台缘浅滩相碳酸盐岩,平行不整合于神仙湾群之上。

区内岩浆作用较发育,多呈岩株或岩枝产出,其中印支期闪长岩属滞后型弧花岗岩,燕山晚期的中酸性侵入岩具有后碰撞型特征。而喜马拉雅期主要为碱性岩类,可能与非造山期大陆隆升相关。

四、巴颜喀拉中生代浊积盆地褶断带

该区呈北西西—近东西向展布,北界即康西瓦—木孜塔格—昆仑山口北—玛沁断裂,南界为大红柳滩—郭扎错—碱水湖—羊湖—玉帽山断裂。区域地层由二叠系黄羊岭群和三叠系巴颜喀拉山群以及零星的侏罗系、新近系碎屑岩沉积组成。调查区仅涉及其西北部边缘。

区内火山岩和侵入岩都不太发育。

第二节　区域地球物理特征

一、区域重力场

西昆仑西段重力场总体为负值，并由北东部较平缓重力高值向南西方向逐步降低，异常值由最高 $-130 \times 10^{-5} \mathrm{m/s^2}$，逐步降低到北西部乔戈里峰处的 $-500 \times 10^{-5} \mathrm{m/s^2}$，反映了调查区地壳厚度由北东部塔里木盆地向南西部昆仑山区及青藏高原逐步加厚的基本趋势。塔什库尔干—康西瓦一线弧形重力梯级带反映了昆仑地区深大断裂的基本特征。带状局部重力高和重力低反映了昆仑地区地层和构造层密度变化特征。

二、区域磁场特征

根据"青藏高原中西部 1：100 万航磁调查"（中国国土资源航空物探遥感中心，2001），西昆仑—喀喇昆仑地区总体为升高、变化磁场区，与藏北高原稳定的磁场背景区形成明显的区别。全区区域磁场总体格架为：西昆仑为强烈正磁异常变化带，沿该带分布一条强度较大、梯度强烈变化的北西向正磁异常带，异常强度一般为 200～300nT，梯度变化为 20～30nT/km。整条异常带以中部阿塔孜—塔吐鲁沟北东方向为界，西北段与东南段有明显的差别。西北段塔什库尔干地区为正负伴生的条带正磁异常和负值不大的磁异常为主，而东南段从阿塔孜经康西瓦至卡拉孔木达坂则为强度较大的北西向线状磁异常带。异常宽度为 40～60km，向北西延伸至区外，向南东止于卡拉孔木达坂。

塔里木盆地为一系列强度较大而宽缓的正磁异常分布区，完全不同于西昆仑及青藏高原总体磁异常较弱的特征，一般磁异常强度可达 300～500nT，梯度变化为 10～20nT/km。在南部地区为数条互相平行的北东向正磁异常，异常宽度为 60～100km。其中盆地南部一系列北东走向磁异常带延至盆地边缘与西昆仑山的交界处完全被北西走向的磁异常带所截。

根据航磁资料，进一步划分出西昆仑山蛇绿岩带，该岩带位于西昆仑山升高航磁异常带上，由柯岗向东经库地到苦牙克，主要分布在康西瓦附近和苦牙克—叶桑岗之间；在昆盖山北坡明铁盖—奥依塔克一带圈出长约 110km、宽约 10km 的线状异常带，该异常形态规则，以正峰为主，异常强度由西向东增强，由 14.3nT 增至 240nT，该异常带反映了石炭系双峰式海相火山岩沉积建造；在阿什库勒湖、乌鲁克库勒湖一带磁场具孤立的不规则变化磁场出现，强度较低，一般为 100～200nT，反映了第四纪火山岩的分布。

第三节　区域地球化学特征

西昆仑—喀喇昆仑地区区域化探工作已全面完成，因地处高寒山区，区域化探工作比例尺主要是 1:50 万，工作方法为水系沉积物测量。西昆仑水系沉积物中 39 种元素含量和全国高寒山区相比，大多数元素含量高于全国高寒山区元素含量水平。以全国高寒山区元素含量平均值为标准，计算各元素的相对富集系数（新疆西昆仑/全国高寒山区），西昆仑大于 1.1 的元素或氧化物依次为 Hg、CaO、Sr、Mn、Mo、Sb、MgO、Na_2O、Cu、Fe_2O_3、Ni、Co 共 12 种。相对富集系数最大的元素是 Hg，为 2.67；其他元素如 Mo 为 1.36，Sb 为 1.35，Cu 为 1.17，属明显富集的元素；小于 0.9 的元素依次为 Y、Ti、Ag、Be、Sn、W、Zr 等 7 种元素，相对富集系数为 0.70~0.89；Au、Pb、Zn 等元素相对富集系数为 0.9~1.1。

1. 铁异常

水系沉积物测量中黑色金属成矿氧化物 Fe_2O_3 的相对富集程度较低，Fe_2O_3 高出全国高寒山区 0.16 倍，但是因 Fe_2O_3 属常量元素化合物，成矿过程中元素富集程度与微量元素相比要低得多，因此，其体现出的找矿意义值得高度重视。新疆西昆仑已知的金属矿产主要是铁矿，均位于 Fe_2O_3 及相关元素富集区内。因此，西昆仑 Fe_2O_3 的富集与铁的成矿作用密不可分。Fe_2O_3 的富集除与已知铁矿有关外，还与区内高铁岩石的大量出现相一致，这些岩石主要是超基性岩、基性火山岩等，Fe_2O_3 的富集表明这类岩石分布的广泛性。

铁异常的带状分布特征相对明显，大体与构造线方向一致，表现为单个异常多为单向延伸，或多个异常构成异常带。调查区铁异常规模大于 $1000km^2$ 的异常有 5 个，面积从大到小依次为托满、麻扎、达布达尔、岔路口和克里阳南。三级浓度带明显异常从西往东包括达布达尔异常、托满异常、麻扎异常、岔路口异常、皮希盖异常和上其汗异常等。

西昆仑最为显著的两个铁异常区带是托满异常带和达布达尔异常区，前者处于北昆仑古生代复合沟弧带，延伸与区域构造线方向一致，与这一地区的中基性火山岩相联系；后者位于慕士塔格地块与阿克赛钦古生代陆缘盆地结合部位，已发现赞坎、老并、叶里克、赞坎东等多个大型沉积变质型磁铁矿床。其次为麻扎异常，该带已发现黑恰菱铁矿等多处铁矿。其他有：布伦口南异常是切列克其铁矿产区，克里阳南异常东部边缘发现布琼铁矿等。

从地球化学角度来看，上述异常带及异常，无疑对铁矿找矿有指示意义。

2. 铅异常

铅异常的区域性分布特征明显，主要集中在新藏公路西南、塔什库尔干西异常，其他地区的铅异常规模小而零星，且多为不具三级浓度带的异常。全区铅异常规模大于 $1000km^2$ 的异常有 5 个，面积从大到小依次为岔路口、黄羊岭西、温泉、大红柳滩、塔什库尔干西。三级浓度带明显异常从西往东包括塔什库尔干西异常、库什拉甫异常、麻扎大拉异常、峡南桥异常、大红柳滩异常、岔路口异常。

新藏公路西南铅异常以岔路口异常带为主体，该异常连续而稳定，呈北西西向沿阿克赛钦古生代陆缘盆地与喀喇昆仑中生代陆缘盆地结合部位延伸，靠近喀喇昆仑中生代陆缘盆地一侧，面积达 $10010km^2$，与这一地区的锌、镉、汞等异常相联系，局部叠加铜、锑、锂及铁族元素异常，碳酸盐岩广泛分布，是喀喇昆仑也是新疆最为醒目的铅锌富集区，找矿潜力巨大。其北部有黑恰、大红柳滩铅异常，南部有温泉铅异常。

塔什库尔干西的铅异常，只在西部边境地区的阿然保泰局部与铜、锌、镉异常相联系，并对应二叠系海相火山岩；该异常大部分位于喜马拉雅期碱性侵入岩区，与放射性元素异常及锶、钡等异常相联系。几个独立的异常如库什拉甫异常对应卡兰古铅锌矿，瓦恰、峡南桥和麻扎大拉异常均已发现铅锌矿化。

从地球化学角度来看，上述异常带及异常对下一步铅矿找矿具有重要的指导意义。

3. 锌异常

锌异常的区域性分布特征明显，调查区锌异常规模大于 $1000km^2$ 的异常有 8 个，面积从大到小依次为黑恰—神仙湾、柯西、乌孜别里山口、岔路口、温泉、麻扎大拉、红山顶西、岔路口东，其中神仙湾、岔路口及岔路口东锌异常，与岔路口铅异常重叠，呈北西西向沿阿克赛钦古生代陆缘盆地与喀喇昆仑中生代陆缘盆地结合部位延伸，靠近喀喇昆仑中生代陆缘盆地一侧。三级浓度带明显异常主要集中在新藏公路西南和柯西三个地区，其他异常规模都相对较小。

大的异常区都集中在西昆仑成矿带南部的阿克赛钦古生代陆缘盆地和可可西里陆缘活动带，空间上处于新藏公路西南。新藏公路西南锌异常分布范围广，西部神仙湾的锌异常与其北部黑恰的锌异常连成一体。东部岔路口东锌异常呈南北向延伸，温泉一带锌异常与该区的铅异常重叠性好。接下来是柯西锌异常，该异常东部主体与该区的铜异常区一致，西端进入上其汗铜异常区。因此，该区与锌异常关系密切的是铜异常而不是铅，推测与中基性火山岩有关，指示该区具有寻找火山岩型铜锌矿的前景。其他广大地区，锌异常零星。上述异常带及异常，是下一步锌矿找矿的重点地区。

4. 铜异常

铜异常的带状分布特征较为明显，大体与构造线方向一致，呈北西西向或近南北向分布，表现为单个异常多为单向延伸，或多个异常构成异常带。调查区铜异常规模大于 $1000km^2$ 的异常有 6 个，面积从大到小依次为托满、岔路口、麻扎、柯西、恰尔隆、乌孜别里山口。三级浓度带明显异常从西往东包括乌孜别里山口异常、布伦口异常、麻扎异常、托满异常、岔路口异常、皮希盖异常、上其汗异常和柯西异常带上的多个异常。西昆仑铜异常带主要为托满和麻扎。乌依塔克—恰尔隆构成不连续的异常带，与东部的托满异常带一起，同处于北昆仑古生代复合沟弧带内。新藏公路以南岔路口地区的铜异常为不规则状，具有南北向延伸特点，并与北部托满异常带的南北向分支相呼应。西部边界地区的乌孜别里山口异常东西两端未封闭，延出境外。布伦口异常与卡拉玛铜矿对应。中巴公路南部的西若异常，与柯西异常带类似，与钼异常对应。上述异常带及异常，将为下一步铜矿找矿提供重要的参考。

5. 金异常

金异常与其他元素带状分布特征明显不同，金异常的区域分布特征更显著。调查区金异常规模大于 1000km² 的异常有 6 个，面积从大到小依次为布伦口、大红柳滩西南、柯西、克里阳南、瓦恰、上其汗。三级浓度带明显的异常在各异常区均有分布，内带规模较大的异常从西往东有布伦口、瓦恰、明铁盖、克里阳、大红柳滩西南、喀拉塔什异常区和柯西等。其中以布伦口金异常区规模最大、异常也最集中，位于该异常区的卡拉玛铜矿普遍伴生金。瓦恰异常和克里阳南异常主体位于前寒武系深变质岩区。喀拉塔什山金异常区除东部的上其汗异常规模较大外，其余异常规模接近，在空间上分布较为均衡，且多具三级浓度分带。上述异常区及异常，是下一步金矿找矿的重点地区。

6. 汞、锑异常

汞、锑元素的富集特征类似铅，集中大面积强烈富集。调查区内存在一个汞的大面积富集区，位于南部的乔戈里—神仙湾—岔路口一线，与这一地区铅锌的富集区大体一致。汞、锑的富集区都具备或接近地球化学巨省规模，蕴藏着巨大的找矿潜力。

另外，在喀喇昆仑山河尾滩发现一个 Cu、Pb、Zn、Ag、Cd 五元素共同富集区，面积大于 10000km²。

第三章　区域成矿规律

第一节　区域成矿特征

新疆西昆仑—喀喇昆仑地区位于古亚洲构造域与特提斯构造域的接壤区，区内地质构造复杂，成矿条件有利。从古元古代以来，经历了复杂的地质发展过程，成矿建造齐全，构造环境多样，成矿条件优越。成矿时代从早古生代一直持续到燕山期，地层、构造、岩浆活动、变质作用等对成矿的控制作用明显。

调查区内主要金属矿产矿种有：铁、锰、铅锌、锂铍、金、铜、钴、钨锡、汞锑、铜镍等。主要矿床类型包括：夕卡岩型、岩浆热液型、层控碳酸盐岩型、沉积变质型、构造蚀变岩型、块状硫化物型（火山岩型）、层控改造碳酸盐岩型、斑岩型、喷流沉积型、沉积改造型、低温热液型、斑岩型、伟晶岩型等。这些矿产资源分布较广，总体显示 Fe 主要分布在北羌塘西段、昆北带、昆中带；Cu、Pb、Zn 主要分布在昆北带、昆中带、铁克里克和北羌塘带；W、Sn、Hg、Ag 主要分布在昆北带；Au、Sb、Li、Be 主要分布在巴颜喀拉带北部和西段；Ni、Cr 主要分布在昆南蛇绿构造混杂岩带中。区内矿产资源类型及分布情况见表 3-1。

表 3-1　调查区主要矿产资源类型简表

矿种	矿床类型	成矿时代	区域分布	代表矿床（点）	主要资源
铁	夕卡岩型	海西—印支期	昆北带	康达尔达坂铁矿床	Fe、Pb、Zn、Sn、Co（Cu）
			昆中带	库地铁（铜）矿床	Fe（Cu、Au、Ag）
	岩浆热液型		北羌塘带	苏巴什铁（铜）矿床	Fe（Cu）
	层控碳酸盐岩型	志留纪	北羌塘带	哈拉墩铁铜矿床	Fe（Cu）
				黑黑孜占干铁（多金属）矿床	Fe（Pb、Zn、Cu）
	沉积变质型	早古生代	北羌塘带	赞坎铁矿、老并铁矿	Fe
		早古生代	北羌塘带	塔合曼铁矿床	Fe
锰	沉积改造型	石炭纪	昆北带	玛尔坎苏锰矿	Mn
金	构造蚀变岩型	燕山—喜马拉雅期	北羌塘带	木吉金矿床、阿然保泰金矿化点	Au
铜	块状硫化物型（火山岩型）	石炭纪	昆北带	萨洛依铜矿床、阿克塔什铜矿床	Cu（Au）
		志留—泥盆纪	昆中带	上其汗含铜黄铁矿床	Cu（Pb、Zn、Au）
	层控改造碳酸盐岩型	志留纪	北羌塘带	卡拉玛铜矿床、砂子沟铜矿床、卡拉库里铜矿床	Cu（Au）

续表

矿种	矿床类型	成矿时代	区域分布	代表矿床（点）	主要资源
铜	砂岩型	三叠纪	昆北带	特格里曼苏铜矿床	Cu
	斑岩型	古近纪、新近纪、燕山期	巴颜喀拉带	喀拉果如木铜矿、阿特塔木达坂西铜矿点、玉龙喀什河铜矿点	Cu（Au）
铅锌	喷流沉积型	侏罗纪	北羌塘带	火烧云铅锌矿	Pb、Zn
	层控碳酸盐岩型	泥盆—石炭纪	昆北带	铁克里克铅铜矿床、塔木铅锌矿床、卡拉牙斯卡克铅锌铜矿床、阿尔巴列克铅铜矿床、乌苏的里克铅锌矿床、卡兰古托克拉铅锌矿床	Pb（Cu）、Zn
	夕卡岩型	海西期		尤仑塔卡特铅锌矿床	
汞锑	低温热液型	燕山—喜马拉雅期	巴颜喀拉带	卧龙岗锑矿床、黄羊岭锑矿床、长山沟汞矿床	Sb（Au）、Hg
锂铍	伟晶岩型	印支—燕山期	巴颜喀拉带	大红柳滩锂铍矿床	Li、Be（Ta、Nb、Sn、Rb、Ga）

　　根据调查区成矿作用的多期性、多旋回成矿特征，以及矿产的时空分布规律，将其划分为早古生代、晚古生代—早中生代和中—新生代三大成矿作用阶段，它们与该区地质构造演化的四个阶段存在很好的对应关系，且每个阶段都有从早期扩张体制下形成的裂谷（或裂陷槽）发展为洋盆型地壳，继而转化为挤压体制下的汇聚型过渡壳，直到新生陆壳形成的过程，从而出现了不同地质历史时期、不同成矿地质背景的构造—岩浆—成矿旋回。

　　早古生代成矿作用阶段形成的内生金属矿床包括三个成矿系列：一是以沉积变质型、层控碳酸盐岩型、火山-沉积岩型为代表的一系列铁、铁（铜）、铜（钴）矿床；二是与裂解有关的火山-沉积岩型或火山岩型铜、钴、铅、锌等矿床；三是与造山过程有关的夕卡岩型、热液脉型、造山型（构造蚀变岩和石英脉）钨、锡、铁-多金属（包括金、银）矿化，多以热液型矿（化）点形式出现。晚古生代—早中生代成矿作用阶段是调查区构造及岩浆活动最强烈的时期，形成了丰富的内生金属矿产，由两个成矿系列组成：一是与裂解阶段形成的裂谷-洋盆体系有关的具喷气、喷流成因的火山-沉积岩型及火山岩型铜、铜（金-钴）、铅-锌（钴）、铬矿床成矿系列，主要分布于昆北带、昆南带；二是与俯冲-碰撞造山过程有关的岩浆热液型、斑岩型、夕卡岩型、构造蚀变岩型（石英脉）和韧脆性剪切带型铁、铜、铅、锌、钼、钨、锡、汞、锑、金、银等多金属矿床成矿系列，是调查区最主要的多金属成矿作用时期和成矿系列。中—新生代成矿作用阶段形成了一系列与燕山—喜马拉雅期造山活动有关的斑岩型、热液（脉）型、伟晶岩型及夕卡岩（接触交代）型铁、铜、钼、锑、锂、铍、铅、锌、金等多金属矿床、矿（化）点，它们分布广泛，绝大多数为矿（化）点。

新疆南部地质找矿成果显著，已发现近50个矿种，矿（化）点400余处，其中大型矿产地9处，中型矿产地16处。主要有赞坎、老并、莫喀尔、吉尔铁克沟等沉积变质型铁矿，切列克其等沉积改造型菱铁矿，大红柳滩伟晶岩型稀有金属矿，火烧云沉积喷流型铅锌矿，玛尔坎苏沉积型锰矿，塔木–卡兰古等密西西比河谷型铅锌矿（MVT型铅锌矿），萨落依等火山岩型铜矿，特格里曼苏、吐根曼苏等砂岩型铜矿，欠孜拉夫铅锌铜多金属矿等沉积改造–层控热液型铅锌矿，其中西昆仑塔什库尔干地区的沉积变质型铁矿、昆北的玛尔坎苏锰矿、甜水海地区的铅锌矿、大红柳滩的锂铍矿都已成为大型–超大型矿床勘查开发基地。

第二节　成矿单元划分

成矿单元是具有较丰富矿产资源及其潜力的成矿地质单元，通常划分为5级：Ⅰ级——全球性的成矿域；Ⅱ级——区域性的成矿省；Ⅲ级——成矿省内较大级别、相对独立的成矿区带；Ⅳ级——成矿亚区带；Ⅴ级——矿田和远景区（徐志刚等，2008）。成矿单元的划分及其成矿特征总结，是区域成矿学的核心内容。因此对新疆西昆仑—喀喇昆仑地区开展成矿单元划分研究是矿产勘查和预测评价的基础，将进一步促进区域成矿规律研究的深化。

一、成矿单元划分原则及方法

在成矿单元划分中，Ⅰ、Ⅱ、Ⅲ级单元界线按照板块构造单元界线。Ⅱ级成矿单元是以地块为中心、包括周缘造山带之古板块作为划分成矿省准则。Ⅲ级成矿单元（成矿区带）一般按地块与周缘造山带各自范围来划分。以上各级成矿单元的划分过程，实际上突出了板块构造体制，忽略了晚期地质构造作用。

Ⅳ级成矿单元（成矿亚带）在各Ⅲ级区带内，以明显的地层、构造和岩浆带及相关的成矿作用为标志来划分，具体地区具体分析。在各成矿亚区带内往往具有主导的成矿地质环境、地质演化历史及与之相应的区域成矿作用，其内各类矿床组合有规律地集中分布。上述Ⅱ~Ⅳ级成矿区带的范围均为次一级全覆盖上一级成矿区带的范围。

Ⅰ、Ⅱ、Ⅲ级成矿单元的编号方法为：级别标志+级别内顺序号，例如成矿域Ⅰ-1、Ⅰ-2。Ⅳ级成矿区带的编号：Ⅳ级标志+所属Ⅲ级区带号+Ⅳ级序号，例如Ⅳ-17①，Ⅳ-17②（表3-2）。对Ⅲ、Ⅳ级成矿单元命名的方法是"Ⅲ（Ⅳ）级成矿区带名称+矿种（金属元素符号，非金属中文名称）+（成矿时代代号）"，其中稀有金属用RM表示，成矿时代用地质年代和构造旋回表示。用构造旋回表示的，如加里东期（C）、海西期（V）、印支期（I）、燕山期（Y）和喜马拉雅期（H）等，用大写的斜体字母C、V、I、Y和H来表示，并用小写的斜体字母e、m、l分别表示早期、中期和晚期，如Ve、Vm和Vl分别表示海西早期、中期和晚期。

二、成矿单元划分方案

按照以上划分原则和编号命名方法，在沿袭徐志刚等（2008）发布的中国成矿单元 I 级成矿域、II 级成矿省、III 级成矿区带划分方案的基础上，结合董连慧等（2010）在新疆成矿单元划分方案中对 IV 级成矿亚带划分的最新研究成果，对新疆西昆仑—喀喇昆仑地区的重要成矿带划分界线进行了修正，重新对该区的 IV 级成矿单元进行了统一编号，完成了成矿单元的划分（表3-2）。

表3-2　新疆西昆仑—喀喇昆仑地区成矿单元划分一览表（乔耿彪等，2013）

I级成矿域	II级成矿省	III级成矿区带	IV级成矿亚带
I-1 古亚洲成矿域	II-4 塔里木成矿省	III-17 铁克里克（陆缘地块）Fe–Au–Pb–Zn–水晶–煤–石膏–自然硫–重晶石成矿带（Pt；Ve-m；Mz；Cz）	IV-17①塔木（裂谷）Pb–Zn–Au–U–煤矿带（Ve-m；Mz；Cz）
			IV-17②布穹（陆缘地块）Fe–Mn–Au–Pb–Zn–煤–石膏–自然硫–重晶石矿带（Pt；Ve-m；Mz；Cz）
I-2 秦祁昆成矿域	II-6 昆仑成矿省	III-27 西昆仑（复合岩浆弧及裂谷带）Fe–Cu–Pb–Zn–Mo–Cr–硫铁矿–水晶–白云母–玉石–石棉成矿带（Pt；Pz₂）	IV-27①昆盖山—库尔浪（裂谷带）Fe–Cu–Au–硫铁矿矿带（Pz₂）
			IV-27②昆中（复合岩浆弧）Fe–Cu–Pb–Zn–Mo–Cr–水晶–白云母–玉石–石棉矿带（Pt；Pz₂）
I-3 特提斯成矿域	II-8 巴颜喀拉—松潘成矿省	III-31 南巴颜喀拉—雅江（陆缘活动带）RM–Au–Cu–Fe–Pb–Zn–Sb–Hg–Ni–白云母–水晶成矿带（Pt₂；I-Y；Q）	IV-31①大红柳滩（陆缘盆地）RM–Fe–Pb–Zn–Cu–白云母矿带（区）（Pt；I）
			IV-31②黄羊岭（陆缘活动带）Sb–Hg–Au–Cu–Ni–多金属–硫铁矿–煤矿带（Pz₂；Y；Q）
			IV-31③云雾岭（陆缘活动带）Cu–Au 矿带（I-Y）
	II-9 喀喇昆仑—三江成矿省	III-35 喀喇昆仑（地块/陆缘盆地）Fe–Cu–Mo–Pb–Zn–Au–Sn–RM–Sb–白云母–石墨–宝玉石–石膏–石盐–芒硝–煤成矿带（Pt；S；C；I-Y；Mz；Q）	IV-35①慕士塔格—阿克赛钦（陆缘盆地）Fe–Cu–Au–Pb–Zn–RM–Sn–Sb–白云母–宝玉石–硫铁矿–自然硫矿带（Pt；Pz₂；I-Y；Mz；Q）
			IV-35②林济塘（陆缘盆地）Fe–Cu–Au–Mo–石膏矿带（I-Y；Mz；Q）
			IV-35③乔戈里（陆缘盆地）Cu–Au–Sn 矿带（Y）

西昆仑—喀喇昆仑地区共涉及古亚洲、秦祁昆和特提斯 3 个 I 级成矿域；塔里木、昆仑、巴颜喀拉—松潘、喀喇昆仑—三江 4 个 II 级成矿省；铁克里克、西昆仑、南巴颜喀拉—雅江（即木孜塔格）和喀喇昆仑 4 个 III 级成矿区带；在上述 III 级成矿带中划分出 10

个IV级成矿亚带（表3-2）。成矿单元划分中将董连慧等（2010）方案中所划分出的西昆仑南部III级成矿带从巴颜喀拉—松潘成矿省调整入喀喇昆仑—羌北成矿省，并将其编为一个新的IV级成矿单元，编号为IV-35①，主要原因在于慕士塔格—阿克赛钦地块与喀喇昆仑—羌北地块地理上相连，具有相同的地质演化背景，形成于近似的大地构造环境。由此也可以看出西昆仑—喀喇昆仑地区处于特殊的地理位置，地质构造复杂，其成矿单元具有其他成矿区带中所少见的多样性和复杂性。

三、成矿单元的主要地质特征

（一）III-17铁克里克成矿带

该带全称为"铁克里克（陆缘地块）Fe–Au–Pb–Zn–水晶–煤–石膏–自然硫–重晶石成矿带（Pt；*Ve-m*；Mz；Cz）"。成矿带属于古亚洲成矿域塔里木成矿省，位于塔里木盆地西南缘，呈北西向转为东西向的弧形，长550km，宽10～50km，地层以古元古界为主，东段为铁克里克地块，西段有少量中元古界、上古生界及新生界，侵入岩仅在南部边缘有少量分布。目前，已发现沉积变质型、火山岩型、砂砾岩型铜矿化和沉积变质型铁、锰矿化及热液型铅、锌、铜矿化和冲洪积型砂金矿化等11处矿点、矿化点，显示出一定的找矿前景。

根据其成矿特征及控矿因素，可分为2个IV级矿带：IV-17①塔木Pb–Zn–Au–U–煤矿带和IV-17②布穹Fe–Mn–Au–Pb–Zn–煤–石膏–自然硫–重晶石矿带。

1. IV-17①塔木Pb–Zn–Au–U–煤矿带

塔木Pb–Zn–Au–U–煤矿带呈近南北向带状分布在塔里木盆地西南缘，南北长约180km，宽约20km。该带构造上属裂谷带，地层主要为泥盆纪和石炭纪碳酸盐岩建造。矿产以铅锌矿为主，并有金、煤等。铅锌矿为层控碳酸盐岩型，主要矿床有铁克里克、塔木、卡兰古和阿巴列克等中型铅锌矿床（祝新友等，2000）等，是新疆铅锌矿的重要成矿带。

2. IV-17②布穹Fe–Mn–Au–Pb–Zn–煤–石膏–自然硫–重晶石矿带

该带呈东西向带状展布，东西长320km，宽20～50km，为前寒武纪基底出露区，构造上属陆缘地块。主要出露地层为元古宙变质岩系，可分为两部分：底部喀拉喀什岩群为角闪岩相变质的陆源碎屑岩–双峰式火山岩建造，出露范围较小（也有可能是新太古代的表壳岩）；上部为浅变质的元古宇。未变质的中–新元古界不整合于前述岩系上，包括长城系碳酸盐岩夹碎屑岩、蓟县系碳酸盐岩、青白口系泥岩和硅质岩等。此外，有少量震旦系、泥盆系、石炭系、二叠系盖层出露，分布于边缘。

主要矿产为铁、金矿，并有铜、铅、锌、锰、煤、石膏、自然硫等。铁矿有布穹中型沉积变质型含铜磁铁矿床1处，铜矿有阿克晓西火山岩型和芒沙砂砾岩型铜矿，金矿主要为砂金（董永观等，2002）。此外，还有新疆最大的玉力群自然硫矿（董连慧等，2010）。

(二) III-27 西昆仑成矿带

该带全称为"西昆仑（复合岩浆弧及裂谷带）Fe-Cu-Pb-Zn-Mo-Cr-硫铁矿-水晶-白云母-玉石-石棉成矿带（Pt；Pz_2）"，主要位于康西瓦断裂（F2）以北，属于秦祁昆成矿域昆仑成矿省，包括昆中复合岩浆弧及其北缘的晚古生代裂谷带，矿产以铁、铜、金、玉石为主。该带根据成矿地质背景和成矿特征，可分出 2 个 IV 级矿带：IV-27①昆盖山—库尔浪 Fe-Cu-Au-硫铁矿矿带和 IV-27②昆中 Fe-Cu-Pb-Zn-Mo-Cr-水晶-白云母-玉石-石棉矿带。

1. IV-27①昆盖山—库尔浪 Fe-Cu-Au-硫铁矿矿带

该带位于铁克里克陆缘地块西部，呈北西-东西向展布，断续长 870km。构造上属晚古生代裂谷带，地层下-中奥陶统为陆棚碎屑岩-碳酸盐岩，下-中志留统、中泥盆统为陆内裂谷碎屑岩，上泥盆统为山间盆地磨拉石，石炭系为陆内裂谷火山岩-碎屑岩广泛分布，下二叠统为前陆盆地碎屑岩，有较多的辉长岩-斜长花岗岩小侵入体。

矿产以铁、铜、金、硫铁矿为主，并有铅锌、铬、镍、水晶、煤矿等。该单元的石炭系双峰式火山岩建造，是西昆仑重要的块状硫化物矿床含矿层位，并有多处矿床产出。在中巴公路以西，矿化比较普遍，已发现近 20 处块状硫化物矿床（小型）、矿点，主要有乌依塔什黄铁矿、萨洛依含铜黄铁矿和喀什喀苏含铜黄铁矿等，该类矿床常伴生有较高含量的金。东部的上其汗含铜黄铁矿也是西昆仑有名的火山岩型块状硫化物矿床（匡文龙等，2003），塔木其含铜黄铁矿（含锌）位于其西部，两者相距约 90km。铜矿还有海相沉积砂页岩型如盖孜特格里曼苏等（曾威等，2012）。金矿主要为破碎蚀变岩，如塔西克西金矿，另外还发育有砂金矿。

区域化探在该带东部的杜瓦和西部的恰尔隆地区圈定了两处规模较大的铜富集区，前者与镍、金伴生，后者与钼、金组合。在杜瓦南部的苏纳克，还发现有进一步工作价值的铜矿化，矿化产于基性岩体中，其位置处于该带与铁克里克成矿带的结合部位，基性岩体成带分布，区域化探圈定的铜、镍、铅等元素的区域异常长达 80 余千米。前人在西部的柯岗超基性岩中圈定了一处规模可达大型的硅酸镍矿床，区域化探在柯岗岩带北西圈定了较好的铜、镍、金、银、砷及铁族元素异常，异常踏勘发现了杂岩体。

2. IV-27②昆中 Fe-Cu-Pb-Zn-Mo-Cr-水晶-白云母-玉石-石棉矿带

该带北与昆盖山—库尔浪矿带毗邻，由公格尔—柯岗断裂（F1）所隔，南界以康西瓦大断裂（F2）为界，呈北西-东西向展布，西止于恰尔隆地区，向东至库牙克断裂，构造单元对应于复合岩浆弧，总长约 940km，宽约 50km。出露地层以前寒武系中深变质岩为主体，另有中奥陶统碎屑岩-碳酸盐岩，下志留统裂谷碎屑岩，上泥盆统磨拉石建造，上石炭统陆棚碳酸盐岩；二叠系为山前盆地磨拉石建造，下二叠统局部为陆棚碎屑岩-碳酸盐岩组合，前陆盆地碎屑岩-碳酸盐岩组合；岩浆岩发育，由蓟县纪花岗闪长岩、钾长花岗岩、闪长岩和海西期花岗岩、花岗闪长岩、闪长岩构成昆中岩浆带，在库地等有蛇绿岩块。

该带矿化类型较多，矿点分布广，但成型矿床不多，矿产以铁、铜、铅、锌、玉石、铬铁矿为主，并有稀有金属、白云母、水晶等多种矿产。铁矿为变质型，有维杨木铁矿；铜（钼）矿有斑岩型和海相火山岩型（上其汗、塔木其等）；玉石为和田玉，矿床类型为接触交代型，是新疆和田玉的主要矿带之一，主要集中在西部的大同—米尔黛地区和东部的柳什塔格地区，有米尔黛、阿拉玛斯等矿床；水晶为花岗伟晶岩型，主要有巴尔达伦等矿床；稀有金属和白云母产于花岗伟晶岩中。中新元古界双峰式火山岩类复理石建造中，有塔木块状硫化物铜锌矿点。此外，昆中岩浆岩带中广泛发育的花岗闪长岩，可能预示着该带具有寻找斑岩型矿床的远景。

（三）III-31 南巴颜喀拉—雅江成矿带

该带全称为"南巴颜喀拉—雅江（陆缘活动带）RM–Au–Cu–Fe–Pb–Zn–Sb–Hg–Ni–白云母–水晶成矿带（Pt_2；I-Y；Q）"，在新疆境内也称为木孜塔格成矿带，属于特提斯成矿域巴颜喀拉—松潘成矿省，北界为鲸鱼湖断裂（F2），南界为新疆与西藏两区分界，呈东西向展布。该带构造上属陆缘活动带，地层由石炭系碳酸盐岩夹碎屑岩建造、二叠系黄羊岭群和三叠系巴颜喀拉群巨厚复理石建造、侏罗系陆相湖沼相含煤碎屑岩建造组成。发育上新世—第四纪陆相火山岩，分布于康西瓦、云雾岭和鲸鱼湖地区。岩浆侵入活动总体较弱，在云雾岭见有燕山期钾长花岗岩侵入体，木孜塔格地区有少量三叠纪超基性岩，在黄羊岭成带分布有燕山期浅成–超浅成中–酸性岩体，出露面积一般 $1\sim3km^2$，严格受断裂构造控制。在西段的大红柳滩地区，燕山期中酸性侵入岩发育，并伴有大量伟晶岩分布。

该成矿带矿产以铜、锑、汞、金、稀有金属矿为主，西部的大红柳滩以伟晶岩型稀有金属–白云母矿为主（周兵等，2011）；中部的黄羊岭集中分布脉状锑矿，构成锑矿化集中区（杨屹等，2006）；中东部云雾岭、白帽山分布与燕山期岩浆活动密切相关的铜矿化（乔旭亮，2010）。根据含矿建造、矿床类型、矿床组合和矿床成矿系列的区域分布等特征，进一步将该成矿带划分为 3 个 IV 级矿带：IV-31①大红柳滩 RM–Fe–Pb–Zn–Cu–白云母矿带（区）、IV-31②黄羊岭 Sb–Hg–Au–Cu–Ni–多金属–硫铁矿–煤矿带和 IV-31③云雾岭 Cu–Au 矿带。

1. IV-31①大红柳滩 RM–Fe–Pb–Zn–Cu–白云母矿带（区）

该矿区位于木孜塔格成矿带西段，构造上属陆缘盆地。区内地层主要是三叠纪的沉积建造，在伟晶岩出露区的地层已变质为结晶片岩和混合岩化。区内断裂发育，以北西向和北西西向为主，次有近东西向和南北向。印支期二长花岗岩和印支—燕山期钾长花岗岩广泛出露，花岗伟晶岩与这些花岗岩体有成因联系，常沿这些岩体的外接触带呈带状分布，有时分布在花岗岩体顶部或褶皱背斜轴部或其两翼。

该矿区矿产以稀有金属为主，并有铁、锰、铜、铅、金、锡和白云母矿。稀有金属矿主要分布于谢依拉—大红柳滩一带，以伟晶岩型稀有金属–白云母矿为主，具锂、铌、钽、锡、铷和铯等综合矿化，主要矿床为大红柳滩中型稀有金属矿（周兵等，2011）等。其他矿床还有大红柳滩铁锰矿、普吉铅矿和康西瓦白云母矿等。此外，近年大红柳滩地区还发现有热液型铅银矿和铜矿，其中的俘房沟铜矿品位较富，与菱铁矿关系密切。

2. IV-31②黄羊岭 Sb–Hg–Au–Cu–Ni–多金属–硫铁矿–煤矿带

该矿带位于木孜塔格成矿带东段，长约 750km，宽 $25\sim60km$，西昆仑地区只分布其西端部分。该矿带构造上属陆缘活动带，地层主要为二叠系黄羊岭群和三叠系巴颜喀拉群碎屑岩建造。

矿产以锑、汞为主，并有铜、金、镍、多金属矿出露。该带有 6 处锑矿化集中地段，含锑石英脉和辉锑矿脉多达 50 多条，整个矿带锑资源量远景巨大。锑、汞矿产于二叠系碎屑岩建造中，具层控特点，主要分布于卧龙岗—黄羊岭—长山沟一带，已发现黄羊岭（杨屹等，2006）、盼水河、硝尔库勒（吴攀登等，2012）、卧龙岗锑矿床和长山沟汞矿床，以及数处锑、汞矿点。

3. IV-31③云雾岭 Cu-Au 矿带

该矿带位于木孜塔格成矿带东段，北部与黄羊岭矿带毗邻，南至新疆和西藏交界，长约 280km，宽 20~40km，西昆仑地区只分布其西端部分。该矿带构造上属陆缘活动带。矿产主要有与古近纪和新近纪花岗岩有关的斑岩型铜金锡矿化（如云雾岭）和与三叠纪拉张阶段火山岩建造有关的金矿化，具有一定找矿前景。云雾岭和白帽山铜矿化均与燕山期岩浆活动密切相关。云雾岭铜矿点产于斑状花岗岩体的内接触带，矿化带长 1.2km，宽 110~300m 不等，为稀疏细脉状矿化（刘春涌等，1998）；白帽山铜矿点产于石英斑岩株的内接触带（乔旭亮，2010），矿化岩石为石英斑岩，金属矿物总含量约 5%~15%，矿化体长约 500m，厚 2~6m，Cu 品位 0.13%~0.27%；南邻区的火箭山铜矿点产于花岗斑岩中，属斑岩型铜矿。

（四）III-35 喀喇昆仑成矿带

该带全称为 "喀喇昆仑（地块/陆缘盆地）Fe-Cu-Mo-Pb-Zn-Au-Sn-RM-Sb-白云母-石墨-宝玉石-石膏-石盐-芒硝-煤成矿带（Pt; S; C; I-Y; Mz; Q）"，属于特提斯成矿域喀喇昆仑—三江成矿省，主要构造环境为喀喇昆仑前寒武纪微陆块和中生代裂陷盆地。该成矿带北以康西瓦断裂（F2）为界，与西昆仑成矿省毗邻，东以大红柳滩断裂（F4）为界与巴颜喀拉—松潘成矿省相邻，西南至中国与印度的边境线，主体呈北西向带状分布，长约 700km，宽 10~300km。地层包括下元古界、长城系变质岩系、寒武系、志留系的沉积岩系，下二叠统、下—中三叠统、侏罗系均为海相碎屑岩—碳酸盐岩组合，上三叠统为裂陷深水浊积岩，上白垩统—中新统为陆棚台地碳酸盐岩—膏泥岩组合。侵入岩发育，时代跨海西、印支、燕山和喜马拉雅期，以花岗岩、钾长花岗岩、花岗闪长岩、二长花岗岩及少量碱性岩为主。

该带矿产以铁、铅锌、铜、金矿为主，是新疆重要的铁、铅锌矿带。铁矿主要分布于西北部的塔阿西—马尔洋一带，主要为沉积变质型，另外在切列克其、黑恰还发现沉积型菱铁矿。铅锌矿主要分布于乔尔天山—岔路口断裂带两侧，呈带状成群出现，以层控碳酸盐岩型为主。该带还发现有产于燕山期花岗岩体接触带中的石英脉型黑钨矿、花岗斑岩体外围的砂锡矿和侏罗纪碳酸盐岩中的石膏矿及第四纪砂金矿等，但都属矿化，研究程度较低。根据含矿建造、矿床类型、矿床组合和矿床成矿系列的区域分布等特征，进一步将该成矿带划分出 3 个 IV 级矿带：IV-35①慕士塔格—阿克赛钦 Fe-Cu-Au-Pb-Zn-RM-Sn-Sb-白云母-宝玉石-硫铁矿-自然硫矿带、IV-35②林济塘 Fe-Cu-Au-Mo-石膏矿带和 IV-35③乔戈里 Cu-Au-Sn 矿带。

1. IV-35①慕士塔格—阿克赛钦 Fe-Cu-Au-Pb-Zn-RM-Sn-Sb-白云母-宝玉石-硫铁矿-自然硫矿带

该矿带位于塔什库尔干—甜水海一带，南以喀喇昆仑山断裂（F3）为界，北至康西瓦断裂（F2），呈北西向展布，向西延入塔吉克斯坦的吉萨尔—北帕米尔海西成矿带，东端为大红柳滩断裂（F4）所截。该矿带构造上属陆缘盆地，地质结构复杂、研究程度低。主要地层包括古元古界和长城系变质岩系，以及寒武系—古近系的沉积岩系（碎屑岩、碳酸盐岩、膏泥岩组合等）均有出露，其中长城系和志留系分布最广。褶皱紧密，断裂十分发育。岩浆活动强烈，侵入岩西段为海西期花岗岩基及少量钾长花岗岩，其他地段中酸性侵入岩和碱性岩时代跨印支、燕山和喜马拉雅期。

矿产以铁、铜、金、铅、锌矿为主，是新疆重要的铁矿带。铁矿分布于塔什库尔干一带的赞坎—老并一带，以沉积变质型为主，已发现老并、赞坎、叶里克、乔普卡里莫、莫喀尔及吉尔铁克沟等大中型矿床（冯昌荣等，2012）。其次切列克其一带还分布有沉积型的菱铁矿，如切列克其、切北和黑恰一带的黑黑孜占干等大型矿床（李凤鸣等，2010）。近年在甜水海一带，已发现具大型找矿远景的层控中低温 MVT 型铅锌矿多处，如多宝山（杜红星等，2012）、宝塔山和落石沟等铅锌矿床。此外，还发育有稀有金属、锡、锑、白云母、宝玉石等矿产，如临江沟锑矿、苏巴什红蓝宝石矿和塔什库尔干祖母绿宝石矿（禹秀艳等，2011）等。

2. IV-35②林济塘 Fe-Cu-Au-Mo-石膏矿带

该矿带介于喀喇昆仑断裂带（F3）与崆喀山口断裂带（F5）之间，构造上属陆缘盆地。主要地层包括志留系的复理石建造，下二叠统下部为陆缘碎屑岩，上部为准双峰式火山岩-复理石建造，三叠系为浅海相复理石建造沉积，侏罗系至古近系属夹火山岩的含石膏碳酸盐岩建造。该带侵入岩主要发育于北段，为燕山期花岗闪长岩-二长花岗岩，褶皱构造较紧闭，断裂构造较发育。

区内矿产研究程度很低，有铁、铜、金、钼等矿化，如库鲁木鲁铜钼矿、卡拉吉力铜矿、河尾滩砂金矿和京勒青河的众多砂金矿点等。另外还发现侏罗系碳酸盐岩中的石膏矿，如河尾滩、中南山石膏矿等。

3. IV-35③乔戈里 Cu-Au-Sn 矿带

该矿带是新疆最南端的矿带，位于崆喀山口断裂带（F5）以南，呈北北西向分 3 段断续分布，断续长约 500km。该矿带地质和矿产研究程度很低，构造上属陆缘盆地，地层主要出露古元古界黑云母斜长片麻岩夹黑云石英片岩、大理岩，下二叠统崆喀山口组为夹砂岩的碳酸盐建造。侵入岩为燕山早期的花岗闪长岩。区内断裂较发育，均为北西走向。

矿产有铁、铜、金、铬矿化，如明铁盖铜锡矿、阿然保泰铁铜矿、阿然保泰金矿化、谢并喀拉基尔干铜矿点（祝平，2001）等。在明铁盖一带有大量化探异常，据矿化特点，属斑岩型-夕卡岩型-脉岩型铜矿化。

第三节 成矿系列研究

中国地质学家程裕淇等（1979，1983，2006）提出矿床成矿系列的概念，是指在一定的地质构造单元和一定的地质历史发展阶段内，与一定的地质成矿作用有关，在不同成矿阶段（期）和不同地质构造部位形成的不同矿种和不同类型，但具有成因联系的一组矿床的自然组合。王世称和陈永清（1994）在成矿系列的亚类划分中提出同生成矿系列和后生成矿系列；同时将成矿系列扩充为矿化系列，指在某一成矿作用下，形成于一定地质环境中的所有有益元素的聚集地段，故包含成矿系列。杨合群等（2003）在研究蛇绿岩含矿性时分出同生矿化系列和后生矿化系列，前者为含矿建造或成矿建造同生的一组矿床、矿点、矿化点，后者为含矿建造或成矿建造后生的一组矿床、矿点、矿化点。杨合群等（2012）研究深化了成矿系列与地质建造关系，将前人建立的矿床成矿系列细化为"同生"、"准同生"、"后生"和"表生风化"，将各类地质建造有关成矿系列细化为同生成矿系列、准同生成矿系列、后生成矿系列、表生风化成矿系列等类别，并提出同一套地质建造有关的几个世代的成矿系列，自然地构成一个成矿系列家族（简称成矿系列族）。类似于一个家族中存在着具有继承和繁衍关系的几代人。

一、成矿系列的含义

对新疆西昆仑—喀喇昆仑地区成矿系列的研究，我们遵循成矿系列与地质建造的关系，细分为同生成矿系列、准同生成矿系列、后生成矿系列和表生风化成矿系列等类别（杨合群等，2012），这样的划分思路有利于揭示有成因联系的矿床之间形成、演化和展布的规律。各类成矿系列的具体含义见表3-3。

表3-3 与地质建造有关的成矿系列（乔耿彪等，2015a）

地质建造形成和演化时间	成矿系列家族中各世代成矿系列	
	系列名称	系列概念
建造形成同期	同生成矿系列	指与地质建造同时生成的成矿系列，包括： ①与火成岩系有关的岩浆型矿床成矿系列； ②与沉积岩系有关的沉积型矿床成矿系列； ③与沉积岩系有关的沉积喷流型矿床的沉积相成矿系列； ④与火山-沉积岩系有关的火山喷流型矿床成矿系列； ⑤与沉积变质岩系或火山-沉积变质岩系有关的沉积受变质型矿床成矿系列等
建造形成近期	准同生成矿系列	指与地质建造接近同时或略晚生成的成矿系列，一般是火成岩系有关的岩浆期后热液活动生成的矿床成矿系列

续表

地质建造形成和演化时间	成矿系列家族中各世代成矿系列	
	系列名称	系列概念
建造形成期后	后生成矿系列	指比地质建造明显晚得多生成的成矿系列，包括： ①各类岩石建造中矿源活化再造成因的热液脉型和破碎带蚀变岩型矿床成矿系列； ②与沉积变质岩系有关的变成型矿床成矿系列等； ③与沉积岩系有关的沉积喷流型矿床的通道相成矿系列
建造剥蚀出露	表生风化成矿系列	指各类地质建造剥蚀出露地表经长期风化生成的矿床成矿系列，实际上属于后生成矿系列的一种特殊情况

有几点需要说明：

（1）表 3-3 同生成矿系列中的④与沉积变质岩系或火山–沉积变质岩系有关的沉积受变质型矿床成矿系列，该类矿床成矿期的第一期属同生矿床，第二期受变质成矿期无论是围岩还是已经形成的矿体均会受到变质作用影响，而且该类矿床多数以原生沉积形成的矿体为主，矿床形成后受后期变质作用改造较为有限，仅受变质作用影响而未改变其工业用途，因此相对而言仍为同生成矿作用。

（2）与沉积变质岩系有关的变成型矿床是典型的后生矿床，因为经历变质作用以后，其工业用途发生了完全变化。

（3）与沉积岩系有关的沉积喷流型矿床具有典型的二元结构：通道相和沉积相。这类矿床绝大多数是以沉积相成矿为主，特别是远离喷口的块状硫化物矿床（SMS 型），总体上属于同生沉积成矿系列。而通道相的矿化晚于围岩，且通道周边的围岩蚀变较为明显，如硅化、重晶石化和碳酸盐化等，因此这部分成矿归为后生成矿系列。

（4）与火山–沉积岩系有关的火山喷流型矿床成矿系列一般形成于火山喷发期后或两次喷发间歇期，海底热液喷流活动的热量来源于炽热的火山岩及隐伏岩浆房等，成矿物质来源于海水与火山岩的水岩作用；若相对于矿层下伏火山岩而言应属准同生，但考虑矿层上部和下部的火山–沉积岩系作为整套地质建造的话，列入同生成矿系列较为合理。

（5）表 3-3 中的准同生成矿系列具体是指与火成岩有关的矿床形成后，其所处的地质构造环境未变，但成矿阶段由早期的岩浆成矿转变为岩浆热液成矿阶段所生成的矿床类型，这类矿床的特点表现为：其成矿流体为岩浆期后热液，矿体就位空间为火成岩系侵入或喷发过程中形成的环状或放射状断裂带，其成矿时间比岩体略晚。

二、成矿系列的划分

成矿系列研究，时间一般以大地构造旋回为限，空间采用三级构造单元的范围，也就是相当于 III 级成矿单元（成矿区带）范围较为适宜。因此在上述成矿规律研究理论的指导下，我们充分消化吸收前人勘查成果与科研资料，对新疆西昆仑—喀喇昆仑地区按照 4

个 III 级成矿区带分别划分了成矿（或矿化）系列，并进一步归纳出相应的成矿系列族，共包含 50 个成矿或矿化系列和 36 个成矿系列族（表3-4）。

　　对新疆西昆仑—喀喇昆仑地区矿床成矿系列的命名方法是"矿床成矿系列编号+某时代的成矿建造或含矿建造+矿种（金属元素符号，非金属中文名称）"。矿床成矿系列编号方法采用"III 级成矿区带编号+时代代号+序号"。其优点是一个 III 级成矿区带某时代矿床成矿系列与其他 III 级成矿区带某同时代矿床成矿系列编号独立，很容易增加新厘定的矿床成矿系列。

表3-4　新疆西昆仑—喀喇昆仑地区与地质建造有关的成矿系列划分一览表

成矿系列家族	成矿系列	矿床式	矿床实例	参考资料
铁克里克成矿带（III-17）地质建造的成矿系列				
III-17Pt$_1$-1 古元古代火山-沉积变质岩系有关的 Fe-Au-Cu 成矿系列家族	III-17Pt$_1$-1a 古元古代火山-沉积变质岩系同生 Fe-Cu-Au 成矿系列	布穹式含铜磁铁矿	布穹含铜磁铁矿、塔木其磁铁矿点	周小康等，2009；新疆维吾尔自治区地质矿产勘查开发局，2010
	III-17Pt$_1$-1b 古元古代火山-沉积变质岩系后生 Cu 矿化系列		苏玛兰铜矿点	河南省地质调查院，2004a
III-17Pt$_2$-2 中元古代中酸性岩浆岩有关的 Pb-Zn-Ag 成矿系列家族	III-17Pt$_2$-2a 中元古代中酸性岩浆岩准同生 Pb-Zn-Ag 成矿系列	尤仑踏卡特式铅锌矿	尤仑踏卡特铅锌矿	河南省地质调查院，2004a
III-17Pz$_2$-3 泥盆纪—石炭纪沉积岩系有关的 Pb-Zn-Fe-Ag-Cu-Au-Co 成矿系列家族	III-17Pz$_2$-3a 泥盆纪—石炭纪沉积岩系后生 Pb-Zn-Fe-Ag-Cu-Au-Co 成矿系列	铁克里克式铅银铜矿	铁克里克铅银铜矿	胡庆雯等，2008
		阿尔巴列克式铜铅铁矿	阿尔巴列克铜铅铁矿（伴生银、钴）、三区一乡三村铜矿点	祝新友等，2000；胡庆雯等，2008
		卡兰古式铅锌矿	卡兰古铅锌矿（伴生铜、金、银）、塔木铅锌银矿、乌苏里克铅锌银矿、卡拉牙斯卡克铅锌矿、吐洪木列克铅锌矿、塔卡提铅锌矿点、吐木艾尔克铅锌矿点、塔木其铅锌矿点、塔木西山—沙莱依一带铅锌矿化点	祝新友等，2000；匡文龙等，2003；胡庆雯等，2008；辛存林等，2012

续表

成矿系列家族	成矿系列	矿床式	矿床实例	参考资料
铁克里克成矿带（III-17）地质建造的成矿系列				
III-17Pz$_2$-4 二叠纪沉积岩系有关的 Cu 成矿系列家族	III-17Pz$_2$-4a 二叠纪沉积岩系同生 Cu 成矿系列		芒沙铜矿点	董永观等，2002
III-17Pz$_2$-5 海西期基性超基性岩有关的 Cr-Ni-Cu 成矿系列家族	III-17Pz$_2$-5a 海西期基性超基性岩同生 Cr 成矿系列		柯岗铬铁矿	河南省地质调查院，2004b
	III-17Pz$_2$-5b 海西期基性超基性岩同生 Ni-Cu 矿化系列		柯岗铜镍矿化点	
III-17Cz-6 古近纪沉积岩系有关的 Mn-Fe 成矿系列家族	III-17Cz-6a 古近纪沉积岩系同生 Mn-Fe 成矿系列	杜瓦式锰矿	杜瓦锰矿、杜瓦锰铁矿化点	新疆维吾尔自治区地质调查院，2012
西昆仑成矿带（III-27）地质建造的成矿系列				
III-27Pt$_1$-1 古元古代沉积变质岩系有关的 Fe-Cu-Au-Ag 成矿系列家族	III-27Pt$_1$-1a 古元古代沉积变质岩系同生 Fe-Cu 成矿系列	苏巴什式赤铁矿	苏巴什西赤铁矿点、苏巴什东赤铁矿点	陕西省地质调查院，2003a
	III-27Pt$_1$-1b 古元古代沉积变质岩系后生 Cu-Au-Fe-Ag 成矿系列	卡拉玛式铜金矿	卡拉玛铜金矿、卡拉铜铜矿、哈拉墩（卡拉东）铁铜金矿床、木吉铜矿点、卡拉库里铜金矿、沙子沟铜矿、西山头铜矿、东大沟铜矿	王书来等，1999；王书来等，2000；丁培恩，2005；周小平，2006；李文渊，2013
III-27Pt$_2$-2 中元古代沉积变质岩系有关的 Pb-Zn-Fe-Cu 成矿系列家族	III-27Pt$_2$-2a 中元古代沉积变质岩系后生 Pb-Zn-Cu 成矿系列	科库西里克式铅锌矿	科库西里克铅锌矿	董永观等，2006
	III-27Pt$_2$-2b 中元古代沉积变质岩系同生 Fe 成矿系列	牙门式磁铁矿	牙门磁铁矿点	陕西省地质调查院，2003b
III-27Pt$_3$-3 新元古代火山岩系有关的 Cu 成矿系列家族	III-27Pt$_3$-3a 新元古代火山岩系同生 Cu 矿化系列		苏巴什北铜矿点	陕西省地质调查院，2003a
III-27Pz$_1$-4 寒武纪—奥陶纪火山-沉积岩系有关的 Fe 成矿系列家族	III-27Pz$_1$-4a 寒武纪—奥陶纪火山-沉积岩系同生 Fe 矿化系列		库拉甫河磁铁矿点	陕西省地质调查院，2003b

续表

成矿系列家族	成矿系列	矿床式	矿床实例	参考资料
西昆仑成矿带（III-27）地质建造的成矿系列				
III-27Pz₁-5 加里东期中酸性岩有关的 Cu–Fe–Au–Zn 成矿系列家族	III-27Pz₁-5a 加里东期中酸性岩准同生 Cu–Fe–Au–Zn 成矿系列	康达尔达坂式含锌磁铁矿	康达尔达坂含锌磁铁矿	冯昌荣等，2012
		库地式铜铁矿	库地铜铁矿、库地西铜铁矿点、库地西铁矿点	李先军和赵祖应，2009；李文渊，2013
		库地式铜金矿	库地铜金矿、同尤阿甫阿格孜铜矿点	王书来等，2000；陕西省地质调查院，2003b
III-27Pz₁-6 加里东期镁铁超镁铁岩有关的 Cr 成矿系列家族	III-27Pz₁-6a 加里东期镁铁超镁铁岩同生 Cr 成矿系列	库地式铬铁矿	库地铬铁矿	董连慧等，2012；乔耿彪等，2012
III-27Pz₁Pz₂-7 志留纪—泥盆纪沉积变质岩系有关的 Au–Cu–Pb–Ag 成矿系列家族	III-27Pz₁Pz₂-7a 志留纪—泥盆纪沉积变质岩系后生 Au–Cu–Pb–Ag 成矿系列	阔克吉勒嘎式金矿	阔克吉勒嘎金矿、木吉金矿	王书来等，2000
III-27Pz₂-8 石炭纪火山–沉积岩系有关的 Cu–Pb–Zn–Au–Ag–硫铁成矿系列家族	III-27Pz₂-8a 石炭纪火山–沉积岩系后生 Pb–Zn–Cu 成矿系列	欠孜拉夫式铅锌铜矿	欠孜拉夫铅锌铜矿	河南省地质调查院，2004b
	III-27Pz₂-8b 石炭纪沉积岩系同生 Cu–Ag 成矿系列	特格里曼苏式铜矿	特格里曼苏铜矿、土根曼苏铜矿、特格里曼苏东南铜银矿点	李先军和赵祖应，2009；汪来群和赵祖应，2009；曾威等，2012
	III-27Pz₂-8c 石炭纪火山岩系同生 Cu–Zn–Au–Ag–硫铁成矿系列	萨落依式铜矿	萨落依铜矿、大勒大铜（金）矿点、2号铜矿点、克鲁滚涅克沟含金铜矿点、胡尔其木干铜矿点、	李博秦，2002；孙海田等，2004；汪来群和赵祖应，2009
		阿克塔什式铜矿	阿克塔什铜矿、卡斯卡苏铜矿点、卡拉卡依铜矿点	李博秦，2002；孙海田等，2004；李先军和赵祖应，2009
	III-27Pz₂-8d 石炭纪火山岩系后生 Au–Cu–Ag 成矿系列	塔西克西式金矿	塔西克西金矿点、依迈克金矿点	唐小东等，2003
III-27Pz₂-9 石炭纪—二叠纪火山岩系有关的 Cu–Zn–Ag–硫铁成矿系列家族	III-27Pz₂-9a 石炭纪—二叠纪火山岩系同生 Cu–Zn–Ag–硫铁成矿系列	上其汗式铜锌矿	上其汗铜锌矿、塔木其铜锌矿点	贾群子等，1999；李博秦，2002；匡文龙等，2003

成矿系列家族	成矿系列	矿床式	矿床实例	参考资料
西昆仑成矿带（III-27）地质建造的成矿系列				
III-27Mz-10 三叠纪沉积岩系有关的 Au 成矿系列家族	III-27Mz-10a 三叠纪沉积岩系同生 Au 成矿系列		苏巴什东克里亚代牙上游砂金矿点	陕西省地质调查院，2003a
III-27Cz-11 第四纪沉积岩系有关的 Au 成矿系列家族	III-27Cz-11a 第四纪沉积岩系同生 Au 成矿系列		再依勒克河下游砂金矿点、叶尔羌河砂金矿点、库拉甫河中上游砂金矿点	陕西省地质调查院，2003b；河南省地质调查院，2004b；陕西省地质调查院，2006a
南巴颜喀拉—雅江成矿带（III-31）地质建造的成矿系列				
III-31Pt$_1$-1 古元古代沉积变质岩系有关的 Fe–Pb–Ag–Au–Cu 成矿系列家族	III-31Pt$_1$-1a 古元古代沉积变质岩系同生 Fe 成矿系列		新藏公路 469km 处铁矿、大红柳滩北赤铁矿	陕西省地质调查院，2006b
	III-31Pt$_1$-1b 古元古代沉积变质岩系后生 Pb–Ag–Au–Cu 成矿系列	康西瓦式含银铅矿	康西瓦南含银铅矿、康西瓦西南方铅矿点、大红柳滩铅（锌）矿化点	陕西省地质调查院，2006b
III-31Pt$_3$ Pz$_1$-2 震旦纪—寒武纪火山岩系有关的 Cu–Au 成矿系列家族	III-31Pt$_3$ Pz$_1$-2a 震旦纪—寒武纪火山岩系同生 Cu–Au 矿化系列		依得艾能艾格勒铜金矿点	中国冶金地质总局西北地质勘查院，2010
III-31Pz$_2$-3 石炭纪沉积岩系有关的 Fe 成矿系列家族	III-31Pz$_2$-3a 石炭纪沉积岩系同生 Fe 矿化系列		向阳峰南褐铁矿点	陕西省地质调查院，2006c
III-31Pz$_2$-4 二叠纪沉积岩系有关的 Sb–Au 成矿系列家族	III-31Pz$_2$-4a 二叠纪沉积岩系后生 Sb 成矿系列	黄羊岭式锑矿	黄羊岭锑矿、硝尔库勒锑矿、卧龙岗锑矿、盼水河锑矿、红山顶锑矿、前进达坂 1 号锑矿点、回风口 1 号锑矿点、拾玉石 1 号锑矿点	杨屹等，2006；吴攀登等，2012；中国地质科学院矿产综合利用研究所，2012
	III-31Pz$_2$-4b 二叠纪沉积岩系同生 Au 成矿系列		兔子湖南一带中型砂金矿、再依勒克砂金矿点	新疆维吾尔自治区地质调查院，2002；陕西省地质调查院，2003a

成矿系列家族	成矿系列	矿床式	矿床实例	参考资料
南巴颜喀拉—雅江成矿带（III-31）地质建造的成矿系列				
III-31Pz₂Mz-5 二叠纪—三叠纪沉积岩系有关的 Hg 成矿系列家族	III-31Pz₂Mz-5a 二叠纪—三叠纪沉积岩系后生 Hg 成矿系列	长山沟式汞矿	长山沟汞矿床、长山沟南汞矿点	
III-31Mz-6 印支期中酸性岩有关的 Fe-Mn 成矿系列家族	III-31Mz-6a 印支期中酸性岩准同生 Fe-Mn 成矿系列		俘虏沟下游赤铁矿点	陕西省地质调查院，2006c
III-31Mz-7 侏罗纪中酸性岩有关的 Li-Be-Cu-Ag 成矿系列家族	III-31Mz-7a 侏罗纪中酸性岩同生 Li-Be 成矿系列	大红柳滩式锂铍矿	大红柳滩锂铍矿、阿克塔斯中型锂矿	周兵等，2011；陕西省地质调查院，2006c
	III-31Mz-7b 侏罗纪中酸性岩同生 Cu-Ag 矿化系列		阿特塔木达坂西铜矿点、阿克苏河源铜矿点	陕西省地质调查院，2003a
III-31Mz-8 燕山期中酸性岩有关的 Pb-Cu-Ag-Zn 成矿系列家族	III-31Mz-8a 燕山期中酸性岩准同生 Pb-Ag-Cu-Zn 矿化系列		康西瓦南大沟含银多金属矿点	陕西省地质调查院，2006b
	III-31Mz-8b 燕山期中酸性岩同生 Cu 矿化系列		白帽山铜矿点	乔旭亮，2010
III-31Cz-9 古近纪和新近纪沉积岩系有关的 Au 成矿系列家族	III-31Cz-9a 古近纪和新近纪沉积岩系同生 Au 成矿系列		云雾岭地区砂金矿化点、黄沙河上游一带砂金矿	王庆明，1997；刘春涌等，2000；新疆维吾尔自治区地质调查院，2002
III-31Cz-10 喜马拉雅期中酸性岩有关的 Cu-Mo-Ag 成矿系列家族	III-31Cz-10a 喜马拉雅期中酸性岩同生 Cu-Mo-Ag 矿化系列		云雾岭铜矿化点	刘春涌和刘拓，1998；刘荣等，2009；冯京等，2010
喀喇昆仑成矿带（III-35）地质建造的成矿系列				
III-35Pt₁-1 古元古代沉积变质岩系有关的 Fe 成矿系列家族	III-35Pt₁-1a 古元古代沉积变质岩系同生 Fe 成矿系列	赞坎式磁铁矿床	赞坎铁矿、老并铁矿、莫喀尔铁矿、吉尔铁克铁矿、塔哈西铁矿、塔辖尔铁矿、叶里克铁矿、希尔布力铁矿、塔合曼铁矿、河可兰尔磁铁矿点、其克尔克磁铁矿点、若热万吉磁铁矿点	冯昌荣等，2012；燕长海等，2012

成矿系列家族	成矿系列	矿床式	矿床实例	参考资料
喀喇昆仑成矿带（III-35）地质建造的成矿系列				
III-35Pt$_2$-2 中元古代变质岩系有关的 Cu-Pb-Zn-Au-Ag 成矿系列家族	III-35Pt$_2$-2a 中元古代变质岩系后生 Cu-Pb-Zn-Au-Ag 矿化系列		新藏公路 324km 铜铅锌矿点	李博秦等，2007
III-35Pz$_1$-3 志留纪沉积变质岩系有关的 Fe-Cu-Pb-Zn-Ag 成矿系列家族	III-35Pz$_1$-3a 志留纪沉积变质岩系同生 Fe 成矿系列	切列克其式菱铁矿	切列克其菱铁矿、切北菱铁矿、黑黑孜占干菱铁矿、麻扎赤铁矿点	陕西省地质调查院，2004；李凤鸣等，2010
	III-35Pz$_1$-3b 志留纪沉积变质岩系后生 Cu-Pb-Zn-Ag 矿化系列		黑恰达坂多金属矿点、黑黑孜占铜矿化点、黑黑孜占干铜矿点、新藏公路 273km 多金属矿化点	陕西省地质调查院，2004；李博秦等，2007
III-35Pz$_2$-4 泥盆纪沉积岩系有关的 Cu-Au 成矿系列家族	III-35Pz$_2$-4a 泥盆纪沉积岩系同生 Cu-Au 矿化系列		鱼跃石铜金矿点	陕西省地质调查院，2004
III-35Pz$_2$-5 二叠纪沉积岩系有关的 Pb-Cu-Fe-Ag-Zn 成矿系列家族	III-35Pz$_2$-5a 二叠纪沉积岩系后生 Pb-Cu-Fe-Ag-Zn 矿化系列		祥云沟铅矿点	谢渝等，2011
			河岔口南含银铜矿点、岔路口铜矿点、神仙湾大沟铜矿化点	陕西省地质调查院，2004；陕西省地质调查院，2006c
			河尾滩北赤铁矿化点	陕西省地质调查院，2006c
III-35Pz$_2$-6 海西期中酸性岩有关的 Pb-Zn-Cu-Au-Ag 成矿系列家族	III-35Pz$_2$-6a 海西期中酸性岩准同生 Pb-Zn-Cu-Au-Ag 成矿系列	瓦恰式铅锌铜矿	瓦恰铅锌铜矿	冯昌荣等，2012
III-35Mz-7 侏罗纪—白垩纪沉积岩系有关的 Pb-Zn-Cu-Ag 成矿系列家族	III-35Mz-7a 侏罗纪沉积岩系后生 Pb-Zn-Cu-Ag 成矿系列	甜水海式铅锌矿	甜水海铅锌矿、天神铅锌矿点、驼峰岭铅锌矿点	新疆维吾尔自治区地质矿产勘查开发局第十一地质大队，2012
			卡孜勒铜银矿点	谢渝等，2011
	III-35Mz-7b 白垩纪沉积岩系后生 Pb-Zn-Ag 成矿系列	多宝山式铅锌矿	多宝山铅锌矿、宝塔山铅锌矿、落石沟铅锌矿点、长蛇沟铅锌矿化点	杜红星等，2012；谢渝等，2011

成矿系列家族	成矿系列	矿床式	矿床实例	参考资料
喀喇昆仑成矿带（III-35）地质建造的成矿系列				
III-35Mz-8 燕山期中酸性岩有关的 Cu–Zn–Pb–Fe–Au–Ag–W 成矿系列家族	III-35Mz-8a 燕山期中酸性岩准同生 Cu–Zn–Fe–Ag 成矿系列	司热洪式铜铁矿	司热洪铜铁矿点、司热洪铜锌矿点	
	III-35Mz-8b 燕山期中酸性岩准同生 Au–W–Cu–Pb–Zn 矿化系列		卡拉其古八大山含钨金矿点、卡拉吉克金钨矿点	祝平，2001；河南省地质调查院，2004b
			谢并喀拉基尔干铜矿点、明铁盖铜矿点	祝平，2001
			阿然保泰铅锌矿点	
III-35Cz-9 喜马拉雅期中酸性岩有关的 Pb–Zn–Au–Ag 成矿系列家族	III-35Cz-9a 喜马拉雅期中酸性岩准同生 Pb–Zn–Au–Ag 矿化系列		斯如依迭尔铅锌矿点	于晓飞等，2012
			阿然保泰金矿点、明铁盖达坂北金矿点	河南省地质调查院，2004b

三、各成矿系列家族的地质特征及其成因探讨

（一）铁克里克成矿带（III-17）地质建造的成矿系列

1. III-17Pt$_1$-1 古元古代火山–沉积变质岩系有关的 Fe–Au–Cu 成矿系列家族

该成矿系列家族可进一步划分出与古元古代火山–沉积变质岩系同生的 Fe–Cu–Au 成矿系列（布穹式含铜磁铁矿）和后生的 Cu 矿化系列（苏玛兰铜矿点）。

古元古代滹沱系埃连卡特岩群（Pt$_1$A）主要岩性为黑云母石英长石片麻岩、阳起石石英长石片麻岩、黑云母石榴子石石英长石片麻岩、大理岩和含铁（磁铁）石英岩，为一套中深变质岩。布穹磁铁矿就产于古元古代埃连卡特岩群下部 a 岩组地层中，铁矿（化）体呈似层状、条带状，走向北东向，出露宽度 30~60m，地表延伸长度大于 5km。矿石类型以磁铁石英岩型磁铁矿为主，次为斜长角闪岩型磁铁矿。铁（TFe）品位 13.4%~40.3%，平均 30%，伴生有 Cu、Au，Cu 品位 0.23%~0.65%，Au 品位 0.1×10^{-6}~1.03×10^{-6}。布穹磁铁矿的矿床成因类型为火山–沉积变质型（周小康等，2009），因此其与含矿建造的关系可以归类为同生成矿系列。

苏玛兰铜矿点位于叶城县乌夏巴什乡，矿区出露地层也为古元古代埃连卡特岩群，岩性为绿色片岩。铜矿（化）体受断裂带控制，出露长度约 1000m，宽度最厚处近 300m，矿化不连续。矿化带内矿石矿物可见黄铜矿，次生矿物为孔雀石。样品含 Cu 品位一般 <0.1%，最高 1%（河南省地质调查院，2004a）。初步分析认为苏玛兰铜矿的主要成矿物质来源于古元古代埃连卡特岩群，成矿作用为海西期的热液作用。由于该矿床目前研究程

度较低，暂将其归为后生铜矿化系列。

2. III-17Pt$_2$-2 中元古代中酸性岩浆岩有关的 Pb-Zn-Ag 成矿系列家族

该成矿系列家族可划分出与中元古代中酸性岩浆岩准同生的 Pb-Zn-Ag 成矿系列（尤仑踏卡特式铅锌矿）。

尤仑踏卡特铅锌矿位于叶城县棋盘乡，矿区出露地层主要为中元古代库浪那古岩群，岩性为石英云母片岩、片麻岩夹夕卡岩化大理岩，岩浆岩为中元古代早期花岗闪长岩-石英闪长岩和海西晚期花岗岩。铅锌矿化产于夕卡岩化大理岩中，见 1 条矿体，长 45m，宽 10m，其中富矿段长 17m，平均厚 1.8m。主要金属矿物为方铅矿、闪锌矿，矿石 Pb 品位 3.82% ~ 33.61%，平均 18.71%，Z 品位 6.55% ~ 8.49%，平均 7.52%，Ag 品位 10 × 10^{-6} ~ 500×10^{-6}（河南省地质调查院，2004a）。该矿成因类型为夕卡岩型铅锌矿，成矿与含矿建造的形成近于同期但稍晚一些，因此将其归类为准同生成矿系列。

3. III-17Pz$_2$-3 泥盆纪—石炭纪沉积岩系有关的 Pb-Zn-Fe-Ag-Cu-Au-Co 成矿系列家族

该成矿系列家族可划分出与泥盆纪—石炭纪沉积岩系后生的 Pb-Ag-Cu-Co 成矿系列（铁克里克式铅银铜矿）、后生的 Cu-Pb-Fe-Ag-Co 成矿系列（阿尔巴列克式铜铅铁矿）和后生的 Pb-Zn-Ag-Cu-Au-Co 成矿系列（卡兰古式铅锌银矿）。

铁克里克铅银铜矿含矿建造为中泥盆统碎屑岩-碳酸盐建造，含矿层为石英砂岩，矿化带长 1450m，由 3 个矿体组成，包括上层的 2 个 Pb 矿体，下层的 1 个 Cu-Ag-Co 矿体。矿体为似层状透镜状，产状 240° ~ 260°∠50° ~ 60°。矿石矿物主要为方铅矿、黄铜矿、黄铁矿和铜蓝等，多呈浸染状或细脉状，脉石矿物主要为石英和方解石。铅平均品位 3%，最高 30%；银品位大于 20×10^{-6}，最高>2400×10^{-6}（胡庆雯等，2008）。常见蚀变为硅化、褐铁矿化。

阿尔巴列克铜铅铁矿产于下石炭统霍什拉甫组（C$_1$h）的下部碎屑岩与上部碳酸盐岩接触部位附近，包括铜铅矿体与铁矿体，两矿体成矿特点有所差异，但其间的构造联系说明它们是同一成矿体系的产物（祝新友等，2000）。阿尔巴列克的铜铅矿体两侧围岩均为紫红色碎屑岩，白云岩已全部角砾岩化呈夹层出现。铜铅矿产于角砾岩中，矿体形态较为复杂。以铜为主，含少量铅，Cu 品位一般 1.52%，最高 9.908%；Pb 品位 1.49%，地表略高 2.06%，伴生钴。铁矿产于碎屑岩与碳酸盐岩间，更多地呈脉状，铁矿体中含有少量铜、铅、锌的硫化物。

卡兰古铅锌矿床产于上泥盆统奇自拉夫组（D$_3$q）和下石炭统克里塔格组（C$_1$k）的构造结合部位。矿床分南北两个矿带，分别位于卡兰古向斜的两翼，主要矿体赋存于北矿带中。北矿带矿体下盘围岩为中薄层状含碳白云质灰岩，其间也发生不同程度的角砾岩化，上盘为含石英砾石碳酸盐岩或钙质石英砂砾岩，呈灰白色。主矿体完全呈东西向，似层状顺层展布，长 657m，厚 9 ~ 195m，其他矿体多呈透镜状，围岩蚀变主要为硅化及白云岩化。矿石矿物主要为方铅矿，次为黄铁矿、黄铜矿和闪锌矿。矿石中 Pb 品位 0.2% ~ 2%，最高 36.41%；Zn 品位 0.12%，最高 5.33%；Co 品位 0.035%，最高 0.05%；Ag 品位 12.3%，Au 品位 0.0019%。靠近泥盆系紫红色碎屑岩附近出现零星铜矿化。与其类似的矿床还有塔木铅锌银矿、乌苏里克铅锌银矿、卡拉牙斯卡克铅锌矿（祝新友等，2000）、吐洪木列克铅锌矿、塔卡提铅锌矿点（辛存林等，2012）、吐木艾尔克铅锌矿点和塔木其铅矿点等。

上述 3 种矿床虽然形成的主要矿种略有差异，但均分布于近南北向的铁克里克—卡兰古铅锌成矿带内，赋矿地层均为泥盆—石炭系的一套碎屑岩-碳酸盐岩建造，根据相关研究（匡文龙等，2003）认为：该区域的铅锌矿床其成矿作用过程中的成矿物质 Pb、Zn 主要来源于前泥盆系，泥盆—石炭系起铅锌矿寄主岩石的作用；海西期、喜马拉雅期是区内两次最为重要的成矿阶段，其中喜马拉雅期的逆冲推覆褶皱作用引发了大规模的热卤水运移循环，导致了矿质的沉淀。综合以上原因，这三类矿床与含矿建造的关系为后生成矿系列。

4. III-17Pz$_2$-4 二叠纪沉积岩系有关的 Cu 成矿系列家族

该成矿系列家族可划分出与二叠纪沉积岩系同生的 Cu 成矿系列（芒沙铜矿床）。

芒沙铜矿床出露地层为下二叠统杜瓦组沉积砂岩，受北西向断裂影响，岩石中片理化强烈。铜矿化见于灰绿色薄层粉砂岩中，较密集矿化有两处。两处铜矿体均呈似层状，矿体规模分别为 40m×0.7m 和 1m×0.6m，延深约 15m。主要矿石矿物为黄铜矿，次生矿物为孔雀石，Cu 品位 0.1%～1.1%，矿石矿物多呈星点状分布。该矿床主要成因类型为沉积砂岩型铜矿（董永观等，2002），属同生成矿系列。

5. III-17Pz$_2$-5 海西期基性超基性岩有关的 Cr-Ni-Cu 成矿系列家族

该成矿系列家族可划分出与海西期基性超基性岩同生的 Cr 成矿系列（柯岗铬铁矿床）和 Ni-Cu 矿化系列。

柯岗铬铁矿床产于柯岗基性超基性岩体内，矿体产状与岩体原生流动构造一致。已发现 39 个矿体，矿体呈长条状、不规则状、透镜状，延深不大，均在几米。单矿体长度0.3～4m，宽 0.02～1m。矿石类型以致密块状、浸染状为主。金属矿物为铬铁矿、磁铁矿，非金属矿物为蛇纹石、滑石等。矿石 Cr$_2$O$_3$ 品位 30.25%～40.18%，Ni 品位 0.11%～0.32%，以硅酸镍为主，硫化镍次之。该矿床成因类型为岩浆结晶分异型铬铁矿床（河南省地质调查院，2004b），属与超基性岩浆同生成矿系列。

另外，前人在西部的柯岗超基性岩中，圈定了一规模可达大型的硅酸镍矿床，区域化探在柯岗岩带北西圈定了较好的铜、镍、金、银、砷及铁族元素异常，异常踏勘发现了杂岩体。

6. III-17Cz-6 古近纪沉积岩系有关的 Mn-Fe 成矿系列家族

该成矿系列家族可划分出与古近纪沉积岩系同生的 Mn-Fe 成矿系列（杜瓦式锰矿）。

杜瓦锰矿赋矿地层主要为古新统喀什群阿尔塔什组（E$_1$a）的碎屑岩和碳酸盐岩，含锰灰岩为含矿层，呈灰黑色，与周围的灰黄色灰岩及红色砂岩相比具较明显的颜色特征，为矿体的标志层。矿体呈层状与围岩顺层接触，界线清晰，总体走向近东西，向南倾，长约 2.6km，厚度较稳定，平均 0.5m。矿石矿物有软锰矿、硬锰矿，脉石矿物主要是方解石。矿石构造为稠密浸染状及块状构造，结构为半自形粒状。矿床中品位超过 40% 富矿石占整个矿体的 89.53%。通过矿床成因研究认为：在古新世，随着昆仑山地块的抬升，海水逐步下降，在塔里木边缘形成了浅海相沉积地层，在某一个潮涨过程中，远处火山运动带来的矿源物质经水流作用搬运到浅海，通过沉积作用与海水中的碳酸钙几乎同步沉积，从而形成了含锰灰岩；锰矿体受该灰岩层控特征明显，多顺层分布在其中，围岩未见蚀变，矿体没有受构造破坏的痕迹（新疆维吾尔自治区地质调查院，2012）。根据这些特征以及两侧岩性判断，杜瓦锰矿属浅海相沉积的同生成矿系列，类似矿床还有杜瓦锰铁矿化点。

（二）西昆仑成矿带（III-27）地质建造的成矿系列

1. III-27Pt$_1$-1 古元古代沉积变质岩系有关的 Fe-Cu-Au-Ag 成矿系列家族

该成矿系列家族可进一步划分出与古元古代沉积变质岩系同生的 Fe-Cu 成矿系列（苏巴什式赤铁矿）和后生的 Cu-Au-Fe-Ag 成矿系列（卡拉玛式铜金矿）。

苏巴什赤铁矿出露地层为古元古代双雁山沉积变质岩系，岩性为黄褐色大理岩夹钙质片岩，矿区北部有石炭纪细粒二长花岗岩体侵入。该矿包括东、西两处矿点。苏巴什西赤铁矿点矿体长 15m，最宽处 1m，向东西两端呈透镜状尖灭，矿石矿物成分为赤铁矿，少量黄铁矿、黄铜矿、孔雀石，TFe 品位 42.3%，S 品位 2.56%。苏巴什东赤铁矿点有两层矿体呈似层状产出于大理岩中，产状与围岩一致；第一层矿体长 103m，平均厚 7.5m，TFe 平均品位 32.4%；第二层矿体长 18m，平均厚 2m；矿石质量不稳定，沿走向有时变为铁质石英岩（陕西省地质调查院，2003a）。该类矿床的成因类型为沉积变质型铁矿，主要矿体与含矿建造基本同时形成。

卡拉玛铜金矿赋矿地层为古元古代布伦阔勒岩群（旧称塔什库尔干岩群），其为一套中深度变质的片麻岩、角闪岩、石英片岩夹白云质大理岩。矿体主要分布在布伦阔勒岩群第 2 组第 3 岩性段白云岩中，在层状白云岩中矿体以各种规模不等的透镜体产出，长轴方向平行于岩层走向，产状亦与岩层保持一致。该类矿床铜矿化均与菱铁矿化伴生，品位高，且富含 Au（Ag）。其 1 号矿体最大，长 360m，平均厚度为 1.95m，垂深 238m，产状18°∠30°，Cu 平均品位为 3.27%，最高达 11.06%。金属矿物主要有黄铜矿、斑铜矿、黄铁矿和辉铜矿等，另有少量自然金、银金矿、碲银矿。矿石构造常见浸染状、条带状、脉状、角砾状等（丁培恩，2005）。根据同位素和微量元素分析认为，卡拉玛铜矿成矿物质主要来自海相沉积作用形成的含矿白云岩（王书来等，2000），矿床受层间构造破碎带的菱铁白云岩及硅化白云岩脉明显控制，矿床成因主要为沉积变质热液改造型。类似矿床还有卡拉碉铜矿、哈拉墩（卡拉东）铁铜金矿床（李文渊，2013）、木吉铜矿点、卡拉库里铜金矿、沙子沟铜矿（王书来等，1999）、西山头铜矿和东大沟铜矿等（周小平，2006）。

2. III-27Pt$_2$-2 中元古代沉积变质岩系有关的 Pb-Zn-Fe-Cu 成矿系列家族

该成矿系列家族可进一步划分出与中元古代沉积变质岩系后生的 Pb-Zn-Cu 成矿系列（科库西里克式铅锌矿）和同生的 Fe 成矿系列（牙门式磁铁矿）。

科库西里克铅锌矿赋矿地层为中元古代长城系大理岩和云母石英片岩。矿区已发现 3 个矿体，一般赋存在大理岩内或大理岩与石英云母片岩接触带附近的断裂带内，长度几十米到几百米，宽 1~3m，厚 1~3m，矿体产状 110°∠55°~60°，Pb+Zn 品位可达 10%~

30%。矿石一般呈块状、浸染状、网脉状、角砾状等，主要矿物有方铅矿和闪锌矿等，脉石矿物有石英和方解石等。围岩蚀变不发育，沿裂隙有少量夕卡岩化，夕卡岩矿物主要有透辉石和透闪石等。研究认为（董永观等，2006），科库西里克铅锌矿其成矿作用受中元古界长城系大理岩和层间断裂构造控制，成矿热液与围岩性质有明显差异，成矿过程中可能有岩浆热液的加入，但主要类型应属碳酸盐岩中的层间断裂破碎带控制的低温热液型铅锌矿床。

牙门磁铁矿区出露地层为蓟县系眼球状混合岩、石英岩、石英绿泥片岩、碳质千枚岩和变砂岩。铁矿层呈透镜状产于碳质千枚岩层中下部。分东、西两个铁矿体，东矿体沿走向延伸，长约 276m，最大厚度 6.8m；西矿体呈两个透镜体，总长度 35.8m，最大厚度 6.3m。主要矿石矿物为钢灰色致密块状磁铁矿，矿石 TFe 品位 42.31% ~ 56.19%。主要成因类型为与中元古界蓟县系沉积变质岩系同生的磁铁矿床（陕西省地质调查院，2003b）。

3. III-27Pt$_3$-3 新元古代火山岩系有关的 Cu 成矿系列家族

该成矿系列家族仅划分出与新元古代火山岩系同生的 Cu 矿化系列（苏巴什北铜矿点）。

苏巴什北铜矿点出露地层为震旦系柳什塔格玄武岩，铜矿化体产于玄武岩、玄武玢岩中，围岩蚀变有硅化、绢云母化等。铜矿化范围宽 50m，长 400m。矿石矿物为黄铜矿，偶见孔雀石。经化学拣块样品分析 Cu 品位 0.05% ~ 0.01%（陕西省地质调查院，2003a）。该矿研究程度较低，仅见矿化体，初步归类为矿化系列，主要成因类型为火山岩型铜矿。

4. III-27Pz$_1$-4 寒武纪—奥陶纪火山-沉积岩系有关的 Fe 成矿系列家族

该成矿系列家族划分出与寒武纪—奥陶纪火山-沉积岩系同生的 Fe 矿化系列（库拉甫河磁铁矿点）。

库拉甫河磁铁矿点出露地层为寒武—奥陶系库拉甫河岩群石英岩、玄武岩、变砂岩及绿片岩。磁铁矿体呈透镜体顺层产于厚达 842.93m 的玄武岩中，长度大于 30m。主要矿石矿物为磁铁矿，含少量黄铁矿及铜蓝。该矿点矿石较富，目估 TFe 品位 50% 左右，已采出矿石千余吨（陕西省地质调查院，2003b）。该矿主要成因类型为与寒武—奥陶系库拉甫河岩群火山-沉积岩系同生的磁铁矿床。

5. III-27Pz$_1$-5 加里东期中酸性岩有关的 Cu-Fe-Au-Zn 成矿系列家族

该成矿系列家族可进一步划分出与加里东期中酸性岩准同生的 Cu-Fe-Au-Zn 成矿系列（康达尔达坂含锌磁铁矿、库地铜铁矿和库地铜金矿）。

康达尔达坂含锌磁铁矿区出露地层为奥陶—志留系，岩性为大理岩、变质砂岩等。加里东期黑云母斜长花岗岩侵入于大理岩内，形成夕卡岩化大理岩。铁锌矿体产于夕卡岩化大理岩中，初步查明 4 个矿体，矿体呈南西向，单矿体长 25 ~ 150m，厚 10 ~ 50m，矿石 TFe 品位 20.14% ~ 65.75%，平均 46.9%，Zn 品位 0.01% ~ 23.02%，平均 1.51%（冯昌荣等，2012）。该矿床属与加里东期黑云斜长花岗岩有关的夕卡岩化铁锌矿床。

库地一带早古生代中酸性岩浆岩、基性-超基性岩广泛出露，这些岩体侵位于元古宇库浪那古岩群大理岩、变砂岩中。围岩蚀变常见夕卡岩化、绿帘石化、蛇纹石化等。岩体与围岩内接触带中节理发育，矿体沿节理产出。目前，已发现与加里东期中酸性侵入体有关的库地铜铁矿、布孜万含铜磁铁矿床、布孜万磁铁矿床（李先军和赵祖应，2009）、库地西铜铁矿点和库地西铁矿点（陕西省地质调查院，2004）等夕卡岩型含铜磁铁矿。

库地铜金矿赋存于石英闪长岩、花岗岩以及与中新元古界结晶灰岩、大理岩接触带的夕卡岩中，矿体有多条，呈透镜状、不规则状。矿石具块状、浸染状构造，具有粒状变晶结构，矿物有黄铜矿、辉铜矿、磁铁矿、磁黄铁矿等，围岩蚀变包括硅化、绿泥石化、绿帘石化、碳酸岩化及夕卡岩化。拣块分析样中 Au 品位 $0.16×10^{-6} \sim 0.52×10^{-6}$，Ag 品位 $0.3×10^{-6} \sim 125×10^{-6}$，Cu 品位 $0.4\% \sim 14.75\%$（王书来等，2000）。库地铜金矿为夕卡岩型矿床，类似矿床还有同尤阿甫阿格孜铜矿点（陕西省地质调查院，2003b）。

6. III-27Pz$_1$-6 加里东期镁铁超镁铁岩有关的 Cr 成矿系列家族

该成矿系列家族可划分出与加里东期镁铁超镁铁岩同生的 Cr 成矿系列（库地式铬铁矿）。

库地铬铁矿产于库地蛇绿杂岩（超镁铁岩体）内浅变质纯橄岩与堆晶岩的接触带上，且靠近浅变质纯橄岩一侧。目前地表发现 8 个矿体，倾向北西，倾角大于 75°，矿体呈豆荚状，宽 $0.5 \sim 2m$，长度大于 30m，Cr_2O_3 平均品位 26.96%，$Cr_2O_3/FeO = 2.78$（董连慧等，2012）。矿石矿物为铬尖晶石，脉石矿物为橄榄石、纤闪石，菱镁矿微量。富铬铁矿为块状构造，贫铬铁矿构造为浸染状、条带状和似层状构造，矿石结构为细粒粒状结构。常见矿化蚀变有铬铁矿化、磁铁矿化和蛇纹石化。库地铬铁矿为岩浆结晶分异作用形成的矿床（乔耿彪等，2012），其形成时代与库地蛇绿杂岩一致，库地橄榄岩中的伟晶辉长岩锆石 SHRIMP 年龄为 $525±2.9Ma$（张传林等，2004），为早寒武世，说明该矿床形成于加里东期。

7. III-27Pz$_1$Pz$_2$-7 志留纪—泥盆纪沉积变质岩系有关的 Au-Cu-Pb-Ag 成矿系列家族

该成矿系列家族可划分出与志留纪—泥盆纪沉积变质岩系后生的 Au-Cu-Pb-Ag 成矿系列（阔克吉勒嘎式金矿）。

阔克吉勒嘎金矿赋矿地层为志留系—泥盆系木吉群（S—DM）（还有人认为是志留系温泉沟群 S_1W?），主要岩性为灰黑色碳质泥岩、灰绿色绿泥石石英片岩和石英绢云母千枚岩建造。矿化带集中于乌孜别里山口断裂和琼巴额什大断裂之间，受断裂构造控制明显。该类金矿围岩蚀变较强，有黄铁矿化、绢云母化、绿泥石化、硅化等，蚀变带规模不等，大者延长约 120m，宽约 10m。矿体及含矿石英脉产出在富含碳质的千枚岩类中，矿化有蚀变碎裂石英脉型和蚀变碎裂岩型两种，矿石中金属矿物有自然铜、自然金、黄铜矿、黄铁矿、方铅矿等，非金属矿物有绢云母、绿泥石、磷灰石等（河南省地质调查院，2009）。金以自然金的形式产出，片状为主，粒度一般为 $0.09 \sim 0.15mm$，品位 $4.47×10^{-6}$。该矿主要类型属构造破碎蚀变岩型金矿，类似矿床还有木吉金矿（王书来等，2000）。

8. III-27Pz$_2$-8 石炭纪火山-沉积岩系有关的 Cu-Pb-Zn-Au-Ag-硫铁成矿系列家族

该成矿系列家族可进一步划分出与石炭纪火山-沉积岩系后生的 Pb-Zn-Cu 成矿系列（欠孜拉夫铅锌铜矿）、与石炭纪沉积岩系同生的 Cu-Ag 成矿系列（特格里曼苏铜矿）、与石炭纪火山岩系同生的 Cu–Zn–Au–Ag–硫铁成矿系列（萨落依铜矿、阿克塔什铜矿）和与石炭纪火山岩系后生的 Au–Cu–Ag 成矿系列（塔西克西金矿）。

欠孜拉夫铅锌铜矿区出露地层为石炭系，主要岩性为灰色变质砂岩夹变凝灰质砂岩及白色、灰白色大理岩。铅锌铜矿化主要产于大理岩之下的灰色变凝灰质砂岩中。已发现 4 条矿体，单矿体长度 80~2700m，厚度 0.8~11m。矿石矿物为方铅矿、闪锌矿、黄铜矿、孔雀石、蓝铜矿等。该矿床除铅锌铜外，还伴生银，Cu 品位 0.28%~4.41%，Pb 品位 0.54%~19.40%，Zn 品位 2.16%~7.60%，Ag 品位 5.8×10^{-6}~897×10^{-6}（河南省地质调查院，2004b）。主要类型为石炭纪沉积层控型铅锌矿。

特格里曼苏铜矿围岩为下石炭统库山河组（$C_1 k$）浅海相陆源碎屑岩和碳酸盐岩建造，赋矿岩性主要为长石石英砂岩、石英砂岩和岩屑石英砂岩等，矿体受地层控制，呈层状、似层状产出，浅色砂岩与紫色砂岩的交互带是铜矿体产出的最有利层位。辉铜矿是最重要的矿石矿物，另外还有黄铜矿、斑铜矿和辉银矿等，地表常见次生的孔雀石和蓝铜矿。矿石构造主要为浸染状和条带状构造，常见结构类型有填隙胶结结构和交代结构。矿化常发生于具碳酸盐–硅质胶结组合的砂岩中，铜矿物与硅质胶结物伴生。相关研究（曾威等，2012）认为，特格里曼苏铜矿成矿作用过程是：古陆（前寒武纪结晶基底和蓟县纪花岗质侵入体）的风化剥蚀提供了基本的成矿物质，沉积物的搬运沉积形成了矿源层，成岩作用时期由于有机质及细菌的作用、氧化还原条件的改变，在成岩流体的迁移下造成了铜质的局部再富集，形成具有工业意义的铜矿体。因此，特格里曼苏铜矿形成于成岩作用过程中，属于沉积成岩成因的砂岩型铜矿床。类似矿床还有土根曼苏铜矿（李先军和赵祖应，2009）和特格里曼苏东南铜银矿点。

萨落依铜矿区出露地层主要为下石炭统乌鲁阿特组（$C_1 w$）海相基性火山岩系、热液沉积岩及少量海相结晶灰岩。火山岩主要由枕状、块状和杏仁状石英拉斑玄武岩、基性火山凝灰岩及少量火山集块岩和角砾岩组成。基性火山岩厚度大，延伸稳定，连续性好。硫化物矿化体直接产在枕状石英拉斑玄武岩和基性凝灰岩中。矿区成矿元素主要为铜和黄铁矿，伴生锌、少量金，几乎不含铅，已圈出 4 个铜矿体和 7 个褐铁矿化体，产状与地层一致，倾向近北，倾角 50°~75°。矿石类型主要有黄铁矿矿石、黄铁矿–黄铜矿矿石和黄铁矿–黄铜矿–闪锌矿矿石，构造以块状、条带状、团块状和细脉浸染状矿石为主；结构主要为他形粒状、半自形粒状和充填交代结构等。矿石中铜和锌含量变化较大，分布不均匀，铜含量 0.01%~4.62%。萨落依铜矿属基性火山岩型块状硫化物铜矿床（孙海田等，2004），类似矿床还包括大勒大铜（金）矿点、2 号铜矿点、克鲁滚涅克沟含金铜矿点和胡尔其木干铜矿点（李博秦，2002）等。

阿克塔什铜矿区出露地层为上石炭统克孜里奇曼组（$C_2 k$）海相火山沉积岩系，岩性主要为流纹岩、流纹质凝灰岩，以及层状灰岩、泥灰岩和砂岩。经区域变质作用酸性火山岩变成了绢云母片岩、绢云母绿泥片岩和绿泥石石英千枚岩。块状硫化物矿化分布在该组地层中，绢云母石英片岩为主要容矿岩。矿区已圈定 7 个矿体。矿体呈层状、似层状，长度变化于 165~1300m 之间，与围岩整合接触，倾向南或南东，倾角一般在 10°~20°。地表常见由褐铁矿、孔雀石、自然硫和黄钾铁矾等组成的氧化带。原生硫化物矿体具有明显的双层结构特征，上部为块状、条带状，下部为细脉浸染状。以块状含铜黄铁矿矿石为主，细脉浸染状矿化次之，主要成矿元素为 S、Cu，伴生 Zn、Au、Ag 等有益组分，Cu 平均品位 3.55%，S 含量平均 32.97%。矿石矿物主要由黄铁矿、少量黄铜矿及微量闪锌矿组成，偶见含锌砷黝铜矿、斑铜矿、方铅矿、毒砂和磁铁矿。矿床围岩热液蚀变明显，主要有硅化、绢云母化、碳酸盐化和绿泥石化。阿克塔什铜矿为典型的酸性火山岩型块状硫化物铜矿床（孙海田等，2004），类似矿床还有卡斯卡苏铜矿点和卡拉卡依铜矿点。

塔西克西金矿点赋矿地层为下石炭统乌鲁阿特组（C_1w）基性火山岩系，其中凝灰岩已不同程度地变质成绿泥石片岩。金矿化体发育于含黄铁矿绿泥石片岩中，自形粒状黄铁矿呈浸染状分布，黄铁矿普遍受剪切作用而碎裂、部分黄铁矿呈细粒集合体沿石英脉边缘呈似层状顺片理分布。塔西克西金矿的形成与韧性剪切作用关系密切，在变质变形作用过程中，含 Au 较高的中基性火山岩中的 Au 发生了迁移，产生 Au 的富集，韧性剪切作用为 Au 元素的活化、迁移与富集提供了热动力，形成了韧性剪切带型金矿（唐小东等，2003）。类似矿点还有依迈克金矿点。

9. III-27Pz$_2$-9 石炭纪—二叠纪火山岩系有关的 Cu-Zn-Ag-硫铁成矿系列家族

该成矿系列家族可划分出与石炭纪—二叠纪火山岩系同生的 Cu-Zn-Ag-硫铁成矿系列（上其汗铜锌矿）。

上其汗铜锌矿的赋矿地层目前有不同认识：①贾群子等（1999）根据同位素地质年龄将苏巴什—上其汗地区的变质岩划为早古生代上其汗群；②李博秦（2002）研究认为赋矿地层形成于晚石炭世—中二叠世，因为在普鲁裂谷型火山岩上段夹层（碳酸盐岩）发现了晚石炭世腹足类化石、下段夹层（硅质岩、硅质板岩）采获中二叠世放射虫化石。我们采信后者。上其汗铜锌矿矿体围岩为海相火山岩系，主要由细碧岩、石英角斑岩、酸性凝灰岩、大理岩和碳质千枚岩组成，厚度大于 500m。矿体呈似层状赋存于酸性凝灰岩中，长约 520m，厚 3.72~16.23m，平均厚度 8.19m。矿石矿物主要为黄铁矿，其次是黄铜矿、磁黄铁矿、闪锌矿及微量毒砂等；矿石构造主要有块状、浸染状、条带浸染状和角砾状构造等，矿石结构主要为他形粒状，其次为半自形至自形粒状结构、填隙结构等。矿石自然类型以原生硫化物矿石为主，少量氧化物矿石出露在地表及近地表。Cu 品位 0.31%~3.6%，Zn 品位 0.52%~3.48%，S 品位 8.1%~46.81%。上其汗大量分布的火山岩为块状硫化物矿床的形成提供了金属元素矿源，深成钙碱性侵入岩提供了热源（匡文龙等，2003b），矿体与含矿火山岩系属同期或准同期产物，因此上其汗铜锌矿属与石炭纪—二叠纪块状硫化物同生矿床。

塔木其铜锌矿点也属块状硫化物矿床，但是其围岩为二叠纪阿羌火山岩，岩性以玄武岩、安山岩为主夹英安岩。断裂构造主要为一组规模较小的呈西向雁列式展布的张性断层，是控矿构造。围岩蚀变以青磐岩化为主，沿断裂带及矿体附近有辉绿岩脉侵入。已发现 3 个铜锌矿体和 4 个铜矿化体，矿体长 17~30m、厚 1~8m，产状 140°~170°∠48°~55°。矿石矿物主要为黄铁矿、黄铜矿，脉石矿物成分为石英和绿泥石等。矿体 Cu 品位 1.72%、Zn 品位 1.78%、S 品位 21.1%、Ag 品位 8.23×10^{-9}（陕西省地质调查院，2003b）。

10. III-27Mz-10 三叠纪沉积岩系有关的 Au 成矿系列家族

该成矿系列家族可划分出与三叠纪沉积岩系同生的 Au 成矿系列（苏巴什东克里亚代

牙上游砂金矿点)。

苏巴什东克里亚代牙上游砂金矿点出露地层为三叠系阿塔木帕下组含砾砂岩、砂砾岩。金矿(化)体产于阶地砾石层中。沿柳什塔格南坡的克里亚代牙分布有较连续的Ⅱ级阶地砂砾石层,阶地高10~30m。古已有采金活动,东西长约10km范围内的阶地砂砾石层几乎被翻遍。经检查,砂金含量较低,以粒状金为主。尾砂以黄铁矿为主,少量磁铁矿。克里亚代牙上游砂金矿床类型属阶地型砂金矿床(陕西省地质调查院,2003a)。

11. III-27Cz-11 第四纪沉积岩系有关的 Au 成矿系列家族

该成矿系列家族可划分出与第四纪沉积岩系同生的 Au 成矿系列(库拉甫河中上游砂金矿点)。

库拉甫河中上游砂金矿点含矿层为第四系库拉甫河残留的二级阶地,阶地高约10m,距现代河床40m左右,岩性为成分复杂的砾石和砂砾石层。附近出露岩体为早古生代中粒闪长岩。砂金分布在二级阶地含砂土较多的砂砾石层中,富集部位在其基岩面附近。古采硐主要分布在库拉甫河东岸,长约5km。砂金以巨粒-块状金为主,形态为豆状、片状。矿点上目前仍有当地村民采金,经追索砂金来源于柳什塔格山脊附近。该金矿点属阶地型砂金矿床(陕西省地质调查院,2003b),类似矿点还有库拉甫河中上游砂金矿点、再依勒克河下游砂金矿点(陕西省地质调查院,2006a)和叶尔羌河砂金矿点(河南省地质调查院,2004b)。

(三) 南巴颜喀拉—雅江成矿带 (III-31) 地质建造的成矿系列

1. III-31Pt₁-1 古元古代沉积变质岩系有关的 Fe-Pb-Ag-Au-Cu 成矿系列家族

该成矿系列家族可进一步划分出与古元古代沉积变质岩系同生的 Fe 成矿系列(新藏公路469km处铁矿)和后生 Pb-Ag-Au-Cu 成矿系列(康西瓦南含银铅矿)。

新藏公路469km处铁矿区出露地层为古元古代(中元古代长城系?)康西瓦岩群a岩组(Pt_1K^a),岩性主要为深灰色黑云斜长片麻岩、石榴子石斜长变粒岩、夕线黑云石英片岩夹大理岩。矿化体产于片岩与大理岩分界处,矿体多赋存于大理岩中。已发现10条矿体,TFe平均品位49.32%。矿体长均在100m以上,厚1~25m,呈极不规则的凸镜状、似层状、脉状产出,产状与地层近一致,总体倾向北西,倾角40°~70°。矿石矿物主要为磁铁矿、赤铁矿和镜铁矿,呈粒状结构,块状构造。该矿床矿体顶底板层位稳定,受层位控制明显,康西瓦岩群是主要的矿源层,燕山期花岗岩所派生出的伟晶岩脉对原先形成的矿质层起加富作用(陕西省地质调查院,2006b),其主要成矿类型为沉积变质型铁矿,类似矿床还有大红柳滩北赤铁矿点。

康西瓦南含银铅矿也产于古元古代康西瓦岩群内,主要由两条矿化体组成,分别为Ⅰ、Ⅱ号。Ⅰ号矿体产于构造破碎带中,产状105°~115°∠40°~48°,宽0.5~1.5m,带内岩石为碎裂状花岗伟晶岩,碳酸盐化、硅化蚀变强烈。见方铅矿化、铜矿化,伴生金、银。方铅矿呈小团块状、不规则细脉状分布,脉宽2~4mm,粒径1~3mm。铜矿物已氧化成铜蓝、孔雀石。矿体 Pb 品位13.3%,Au 品位$0.75×10^{-6}$,Ag 品位$705.35×10^{-6}$。Ⅱ号矿体围岩为康西瓦岩群斜长角闪变粒岩、角闪斜长片麻岩,赋矿岩石为蚀变大理岩。矿化体长度约3000m，宽3～6m，产状与地层一致。矿体呈带状展布，宽一般5.7m，产状320°～350°∠55°～75°。矿体Pb品位6.14%，Ag品位$121.52×10^{-6}$，Au品位$0.47×10^{-6}$。矿石矿物主要为方铅矿、菱铁矿，伴生金、银。方铅矿呈细粒浸染状，局部呈细脉状、条带状顺层分布，脉宽5～15mm。主要蚀变类型有铁碳酸盐化、硅化和菱铁矿化，地表常见铁帽。上述两个矿体的主要矿源层为长城系康西瓦岩群（聚集了原始矿质层），其中大理岩层是重要的赋矿层位；侏罗纪黑云二长花岗岩体的侵位活动使矿物质迁移富集，铅矿的形成与该构造运动密切相关；近北西向区域构造为含矿热液活动提供了良好的通道，近北东向次级构造直接控制着矿体的产出（Ⅰ号矿体），为控矿构造；主成矿期应在侏罗纪（陕西省地质调查院，2006b）。因此康西瓦南含银铅矿主要为后生的热液矿床，类似矿床还有康西瓦西南方铅矿点和大红柳滩铅（锌）矿化点。

2. III-31Pt$_3$Pz$_1$-2 震旦纪—寒武纪火山岩系有关的Cu-Au成矿系列家族

该成矿系列家族可划分出与震旦纪—寒武纪火山岩系同生的Cu-Au矿化系列（依得艾能艾格勒铜金矿点）。

依得艾能艾格勒铜金矿点的铜矿化体均产于库地—其曼于特构造混杂岩带，赋矿岩层为震旦—寒武系碎裂化蚀变安山玄武岩。矿区内已发现含铜矿（化）体12个，地表长度80～300m，厚度0.17～8.73m。铜矿体平均品位0.23%～2.44%（新疆策勒县恰哈铜金矿远景调查立项报告，2010）。该矿点工作程度低，仅构成矿化系列，初步推断其成因为火山岩型铜金矿。

3. III-31Pz$_2$-3 石炭纪沉积岩系有关的Fe成矿系列家族

该成矿系列家族可划分出与石炭纪沉积岩系同生的Fe矿化系列（向阳峰南褐铁矿点）。

向阳峰南褐铁矿体产于石炭纪帕斯群上下岩组接触处靠近下岩组一侧，赋矿岩石主要为灰色粉晶灰岩。地表矿化带断续长达5～8km，最大宽度可达100m，矿体厚度一般50～85m，TFe平均含量21.37%。矿体受层位控制明显，呈带状展布，走向与地层产状一致。矿石矿物主要由褐铁矿组成，次为赤铁矿，铁矿石为块状构造，鲕粒结构。该矿点主要成矿类型为沉积型铁矿（陕西省地质调查院，2006c）。

4. III-31Pz$_2$-4 二叠纪沉积岩系有关的Sb-Au成矿系列家族

该成矿系列家族可进一步划分出与二叠纪沉积岩系后生的Sb成矿系列（黄羊岭式锑矿）和同生的Au成矿系列（兔子湖南一带砂金矿）。

黄羊岭锑矿体产于二叠系黄羊岭组（P$_1$h）中下部，围岩岩性为灰色厚层状中细粒岩屑砂岩、凝灰质砂岩与黑灰色页岩互层，局部夹砾岩、沉凝灰岩及少量灰岩透镜体，地层北倾，倾角40°～65°。矿区已发现矿体40余条，最大矿体长百余米，最厚处达2m。多数矿体受北东向断裂破碎带控制，以小角度斜交地层产出，部分短小矿脉大角度斜交地层产出。总体形态多呈脉状、细脉状，少数为囊状、豆荚状。大矿体常具尖灭再现、分支复合、平行斜列等特点。矿体多数倾向320°～350°，倾角45°～80°。矿体品位在1.5%～58.11%。矿石为单一型锑矿石。矿石中有用矿物主要为辉锑矿，氧化矿物为次生锑华、锑赭石，含量较少。脉石矿物有石英、方解石和重晶石等。矿石结构有柱粒-柱状、交代-

充填和碎裂结构，构造包括稀疏-稠密浸染状、块状、条带状和脉状。矿区围岩蚀变常见硅化。初步认为锑矿成矿时代属渐新世（杨屹等，2006）。黄羊岭锑矿床是具有层控矿床特征的低温热液矿床，类似矿床还有硝尔库勒锑矿、卧龙岗锑矿、盼水河锑矿、红山顶锑矿、前进达坂 1 号锑矿点、回风口 1 号锑矿点和拾玉石 1 号锑矿点（中国地质科学院矿产综合利用研究所，2012）等。

兔子湖南一带中型砂金矿位于木孜塔格峰北坡，砂金矿主要赋存于中二叠统木孜塔格组（P_2m）地层中，具有多年冻土区的成矿特点。砂金多分布于一、二级阶地及少量河床、河漫滩、河谷及谷底等，分布面积约 60km^2，平均品位在 0.0592 ~ 0.308g/m^3（新疆维吾尔自治区地质调查院，2002）。该矿主要成因类型属冲洪积型砂金矿，类似矿床还有再依勒克砂金矿点（陕西省地质调查院，2003a）。

5. III-31Pz$_2$Mz-5 二叠纪—三叠纪沉积岩系有关的 Hg 成矿系列家族

该成矿系列家族可划分出与二叠纪—三叠纪沉积岩系后生的 Hg 成矿系列（长山沟式汞矿点）。

长山沟汞矿点位于巴颜喀拉陆缘盆地西北缘，矿区出露地层主要为二叠系黄羊岭组（P_1h）和三叠系巴颜喀拉组（T_3b）。区内发育东西向与北东向断裂构造，侵入岩不发育。本区属黄羊岭汞地球化学省，汞元素在二叠系和三叠系地层中极为富集，已发现长山沟汞矿点和长山沟南汞矿点，主要成因属中低温热液充填型汞矿。

6. III-31Mz-6 印支期中酸性岩有关的 Fe-Mn 成矿系列家族

该成矿系列家族可划分出与印支期中酸性岩准同生的 Fe-Mn 成矿系列（俘虏沟下游赤铁矿点）。

俘虏沟下游赤铁矿体赋存于三叠纪（?）黑云母二长花岗岩体内外接触带中，即黑云母二长花岗岩体与灰岩、砂岩接触界线附近。矿体呈不规则状、脉状产出，总体走向近北西，长 250m 以上，宽约 10m，推测深 80m。矿体 TFe 品位 41.0% ~ 44.8%，Mn$_2$O$_3$ 含量 5.3% ~ 7.25%。矿体中部被北西向小断层错开。矿石矿物主要为赤铁矿，次为针铁矿，含少量软锰矿；矿石为细粒、变余结构，浸染状构造。脉石矿物主要为长石和石英。该矿床成因为热接触交代型铁矿（陕西省地质调查院，2006c）。

7. III-31Mz-7 侏罗纪中酸性岩有关的 Li-Be-Cu-Ag 成矿系列家族

该成矿系列家族可进一步划分出与侏罗纪中酸性岩同生的 Li-Be 成矿系列（大红柳滩式锂铍矿）和同生的 Cu-Ag 矿化系列（阿特塔木达坂西铜矿点）。

大红柳滩锂铍矿的赋矿岩石为酸性伟晶岩脉。矿区内已发现伟晶岩脉上千条，但含锂辉矿脉只有数十条。伟晶岩脉长 10 ~ 25m，宽几厘米至几十厘米，个别达 100cm 以上。其形态多为不规则扁豆状和凸镜状，脉体呈北西向延伸，倾角一般为 35° ~ 75°。锂辉石矿主要分布于中粗粒伟晶结构带中。矿石矿物有锂辉石、少量白云母，脉石矿物见石英和长石。伴生矿物有绿柱石、锡石和铌钽铁矿，伴生有益组分为铷、镓、锗、铯等。Li$_2$O 品位大于 0.6%，BeO 品位平均大于 0.061%，Ta$_2$O$_5$ 品位为 0.007%。大红柳滩地区稀有金属矿床的成因类型均为花岗伟晶岩型，其中伟晶岩型白云母矿床的 ^{40}Ar-^{39}Ar 同位素年龄为 185 ~ 156Ma（周兵等，2011），成矿时代在侏罗纪，说明与其同期的锂铍矿也形成于燕山早期。该区还发现有阿克塔斯中型锂矿。

阿特塔木达坂西铜矿点的含铜岩体为侏罗纪含电气石二云母花岗斑岩。含铜花岗斑岩体规模较大，铜矿化在岩体边部相对较好，矿石矿物成分有黄铜矿、斑铜矿和黄铁矿，次生矿物为孔雀石、褐铁矿；脉石矿物成分有石英、微斜长石、更长石、白云母、铁电气石及黑云母等。Cu 品位 0.56%、Ag 品位 10.3×10^{-6}（陕西省地质调查院，2003a）。该矿点为斑岩型铜矿化，找矿前景较好，类似矿点还有阿克苏河源铜矿点。

8. III-31Mz-8 燕山期中酸性岩有关的 Pb-Cu-Ag-Zn 成矿系列家族

该成矿系列家族可划分出与燕山期中酸性岩准同生的 Pb-Ag-Cu-Zn 矿化系列（康西瓦南大沟含银多金属矿点）和同生的 Cu 矿化系列（白帽山铜矿点）。

康西瓦南大沟含银多金属矿点出露的燕山期黑云二长花岗岩侵入于古元古界康西瓦岩群，与地层接触带常见夕卡岩化，由花岗岩派生出的伟晶岩脉广泛发育，矿体伴随伟晶岩脉沿断层分布，矿脉产于花岗伟晶岩上盘。共见五条矿脉，最大一条矿脉长 100m，宽 2m，最小矿脉长 3m，宽 0.5m，产状 320°∠60°。矿石矿物为方铅矿、水锑铅矿、硫酸铅矿、铅铁矾矿、褐铁矿和铜蓝等。矿石中 Ag 品位 1510×10^{-6}，Pb 品位 18.60%，Cu 品位 0.37%，Zn 品位 0.1%，Sb 品位 0.018%（陕西省地质调查院，2006b）。该矿规模小，仅构成矿化线索，其成因为岩浆热液交代型多金属矿产。

白帽山铜矿点出露燕山期侵位的黑云母斜长花岗岩体，该岩体东南有数个 0.3 ~ 0.7km² 的石英斑岩小岩株出露，岩株具隐爆角砾岩筒性质，矿化体即产于其中。铜矿主要产于石英斑岩小岩株的内接触带，厚 2 ~ 6m，主要矿化蚀变为白铁矿化、孔雀石化、黄铁矿化及少量黄铜矿化，局部可见铜蓝，铜品位 0.13% ~ 0.27%。矿化围岩为细粒杂砂岩，砂岩均具有"火烧皮"现象，沿裂隙面、解理面分布一层褐铁矿薄膜，偶见其中夹杂毫米级黄铜矿细脉，北东向分支断裂中烟灰色石英脉发育，其中见黄铁矿、辉锑矿呈细粒状分布（乔旭亮，2010）。该矿成因初步认为属斑岩型铜矿床。

9. III-31Cz-9 古近纪和新近纪沉积岩系有关的 Au 成矿系列家族

该成矿系列家族可划分出与古近纪和新近纪沉积岩系同生的 Au 成矿系列（云雾岭地区砂金矿化点、黄沙河上游一带砂金矿）。

云雾岭地区砂金矿化点赋矿地层为古近系和新近系砂砾岩。区域地貌为冰缘作用的大起伏极高山与冰水倾斜平原接触带，构造运动强烈，断裂以近东西和北东东向为主。自然金见于云雾岭北坡，主要矿点包括南支沟、头道沟等，主要含金、银，还有钼、铜、镉，其他元素含量较少。金呈金黄色，形态呈不规则粒状、片状、细棒状、片壳状等。一般粒度较细，以 0.02 ~ 2mm 为主，少数大于 2mm，偶见狗头金，重 1.59g 和 16.9g。砂金样一般含量较高，一般为 0.03×10^{-6} ~ 0.5×10^{-6}，少数 1.0×10^{-6} ~ 5.0×10^{-6}，个别达 20×10^{-6}。主要共生矿物有辰砂、黄铁矿、褐铁矿、锡石、石英、重晶石、方铅矿、自然铅、泡铋矿及白钨矿等（刘春涌等，2000）。该点金矿化属生物化学作用的冰水-冰碛成因河谷型金矿（王庆明，1997）。类似矿床还有分布在黄山口附近黄沙河上游金川一带的砂金矿，金主要产于唢呐湖组（N_1s）断层中，目前已基本被采空（新疆维吾尔自治区地质调查院，2002）。

10. III-31Cz-10 喜马拉雅期中酸性岩有关的 Cu-Mo-Ag 成矿系列家族

该成矿系列家族可划分出与喜马拉雅期中酸性岩同生的 Cu-Mo-Ag 矿化系列（云雾岭铜矿化点）。

云雾岭铜矿化点赋矿岩石为青灰色黑云母斜长花岗斑岩。对斑岩体的年龄有两种认识：①刘荣等（2009）对云雾岭斑状二长花岗岩体锆石 SHRIMP U-Pb 测年结果为 201.8±3.8Ma，为晚三叠世末；②刘德权等（2001）认为斑岩体年龄为 10.4Ma，为新近纪中新世。综合区域总体地质认识，我们认同后者的观点。已发现的铜矿化产出于青灰色黑云母斜长花岗斑岩的内接触带。铜矿化带呈东西向展布，东西长约 2km，南北宽 200~300m。铜矿化及其蚀变受岩体和断裂双重控制。已圈出长 2km，厚 30~40m 的近东西向窄长铜矿体。矿化岩石均为黑云母斜长花岗斑岩，蚀变强烈，以花岗斑状结构和变余斑状花岗结构为主，呈块状构造。矿石金属矿物主要是黄铁矿、磁黄铁矿、黄铜矿，其次有斑铜矿和辉铜矿等，偶见辉钼矿。矿石中铜含量 0.59%~1.25%，平均 1.02%，伴生钼、银。铜矿化伴随有明显的热液蚀变特征，蚀变类型有硅化、黄铁矿化、黄铜矿化和绢云母化等（刘春涌和刘拓，1998）。该矿成因为斑岩型铜矿，类似矿点还有白帽山铜矿点和南邻区的火箭山铜矿点等。

（四）喀喇昆仑成矿带（III-35）地质建造的成矿系列

1. III-35Pt₁-1 古元古代沉积变质岩系有关的 Fe 成矿系列家族

该成矿系列家族可划分出与古元古代沉积变质岩系同生的 Fe 成矿系列（赞坎式磁铁矿床）。

在西昆仑塔什库尔干一带的赞坎—老并铁矿区赋矿地层的形成时代还有争议：①前人认为布伦阔勒岩群应为古元古代形成的沉积变质岩系；②燕长海等（2012）通过锆石 LA-ICP-MS 方法对老并铁矿区内含铁岩系物源时代测年，结果主要集中于 540~510Ma，且时代为 530Ma 左右的锆石大量出现，从而初步认为区内含铁岩系的形成时代不会早于 510Ma，应属早古生代地层。我们认为该区主体的赋矿地层仍应为古元古代布伦阔勒岩群（Pt_1B），该岩群可以分为含铁岩段、斜长角闪片麻岩段、夕线石榴片麻岩-石英岩段、大理岩段等 4 套变质建造组合，其中主要含铁岩段岩性为层状-条带状磁铁矿、磁铁石英岩、（含磁铁）黑云斜长片麻岩夹斜长角闪片（麻）岩等。赞坎矿区目前共发现 6 条大致平行的矿带，地表呈似层状不规则形态展布，共 9 个铁矿体。矿体产状与顶、底板围岩产状基本一致，走向为北西-南东向，倾角 17°~88°。矿体长度均在 750m 以上，平均宽约 5m，最大近 27m；平均厚度 32.63m，平均品位 27.58%。矿石呈浸染状、块状和条带状构造，结构主要为自形-半自形和他形-半自形结构等；矿石中金属矿物主要为磁铁矿、磁赤铁矿、赤铁矿等（冯昌荣等，2012）。矿床成因类型为海相火山沉积型磁铁矿矿床，后期受到一定的区域变质作用的叠加改造。从铁矿床的地质特征来看，铁矿床的形成与沉积作用密切相关，铁矿床的形成年代应与布伦阔勒岩群的形成时代一致，因此赞坎式铁矿属与古元古代布伦阔勒岩群同生的铁矿床，类似的矿床还有老并铁矿（燕长海等，2012）、莫喀尔铁矿、吉尔铁克铁矿、塔哈西铁矿、塔辖尔铁矿、叶里克铁矿、希尔布力铁矿、塔合曼铁矿、河可兰尔磁铁矿点、其克尔克磁铁矿点和若热万吉磁铁矿点等。

2. III-35Pt$_2$-2 中元古代变质岩系有关的 Cu-Pb-Zn-Au-Ag 成矿系列家族

该成矿系列家族可划分出与中元古代变质岩系后生的 Cu-Pb-Zn-Au-Ag 矿化系列（新藏公路 324km 铜铅锌矿点）。

新藏公路 324km 铜铅锌矿区主要出露地层为长城纪二云石英片岩和石榴子石二云石英片岩，岩石变形强烈，普遍糜棱岩化。矿（化）体产于构造破碎带内，围岩为糜棱岩化二云石英片岩，硅化蚀变强烈。矿（化）体走向近东西，与构造带走向一致，产状 180°~210°∠55°~70°，出露宽度 0.5~2m，断续延伸。矿化主要表现为孔雀石化，较均匀。矿石矿物主要为孔雀石，脉石矿物为黄铁矿、石英、黑云母、白云母等，黄铁矿粒度细小，呈浸染状分布。主要成矿元素为铜、铅、锌，伴生金、银矿化。化学拣块样分析铜、铅、锌品位分别为 0.13%、0.18%、0.36%，金、银品位分别为 $0.04×10^{-6}$ 和 $1.3×10^{-6}$（李博秦等，2007）。该矿点成因类型初步推断为构造蚀变岩型。

3. III-35Pz$_1$-3 志留纪沉积变质岩系有关的 Fe-Cu-Pb-Zn-Ag 成矿系列家族

该成矿系列家族可进一步划分出与志留纪沉积变质岩系同生的 Fe 成矿系列（切列克其菱铁矿）和后生的 Cu-Pb-Zn-Ag 矿化系列（黑恰达坂多金属矿点）。

切列克其菱铁矿含矿地层为下志留统温泉沟群（S_1W），主要岩性为云母石英片岩和大理岩。菱铁矿体顺层产出于片岩（碎屑岩）与所夹大理岩（碳酸盐岩），或大理岩（碳酸盐岩）与所夹片岩（碎屑岩）接触带上，少数顺层产出于片岩中。局部地段表现出菱铁矿层向片岩和大理岩等围岩过渡特征。矿区含矿带总体呈东西向展布于求库台岩体接触带外侧 200~600m 处，带长 4km，共有矿体 13 个。矿体形态为似层状、透镜状，呈近东西和北东东向展布，长 140~605m，平均厚 1.80~39.92m，全铁平均品位 38.00%~47.52%。矿石自然类型主要为菱铁矿和褐铁矿，矿石构造主要有块状、层状、条带状或纹层状构造、假波纹构造和晶洞构造。矿石矿物单一，主要为菱铁矿，含量达 70%~80% 或更高，有少量黄铜矿。地表及浅部菱铁矿被氧化成褐铁矿，保留着菱形解理。据矿石矿物组成及特点、结构构造等特征，将成矿期划分为沉积成岩和区域变质及岩浆热液叠加改造成矿期两个主要成矿阶段，其成因类型主要为海相沉积（改造）型菱铁矿床（李凤鸣等，2010）。类似矿床还有切北菱铁矿、黑黑孜占干菱铁矿和麻扎赤铁矿点（陕西省地质调查院，2004）。

黑恰达坂多金属矿点位于新藏公路黑恰道班东 8km 处，矿体也产于温泉沟群中，为一套志留系深灰色粉砂质板岩、斑点状板岩和绢云母板岩等。矿体顶板为细晶灰岩、斑点状板岩和大理岩，底板为灰岩、石英岩。岩石变形较强，次级断裂较为发育，岩浆活动微弱。矿体产于次级断裂之中，出露宽度 1.5~10m，有些地段达 30 余米，形态不规则，产状 215°∠73°。围岩见硅化、绢云母化、黄铁矿化蚀变强烈。矿石矿物为闪锌矿、方铅矿、黄铜矿等，脉石矿物为黄铁矿、石英、绢云母等。矿石为致密块状构造，浸染状、脉状和自形粒状结构（或晶族），沿断裂带可见到等轴晶系的方铅矿晶体。主要矿化元素为锌、铅、铜、银，其含量分别为：0.26%~8.71%、0.31%~21.10%、0.1%~0.78%、$1.7×10^{-6}$。该矿点的成因类型主要为中低温热液型矿床，类似矿点还有黑黑孜铜矿化点、黑黑孜占干铜矿点和新藏公路273km多金属矿化点等（李博秦等，2007）。

4. III-35Pz₂-4 泥盆纪沉积岩系有关的 Cu-Au 成矿系列家族

该成矿系列家族可划分出与泥盆纪沉积岩系同生的 Cu-Au 矿化系列（鱼跃石铜金矿点）。

鱼跃石铜金矿点位于神仙湾北约21km处，矿体产于泥盆系天神达坂砂砾岩底部。矿体长度大于1000m，厚度1.5~2m。矿石类型为孔雀石化砂砾岩，矿化主要表现为孔雀石化，矿化较均匀，拣块样分析铜品位1.08%、金品位0.35×10⁻⁶（陕西省地质调查院，2004）。该矿点工作程度低，仅构成矿化线索，初步推断其成因为砂砾岩型铜矿。

5. III-35Pz₂-5 二叠纪沉积岩系有关的 Pb-Cu-Fe-Ag-Zn 成矿系列家族

该成矿系列家族可划分出与二叠纪沉积岩系后生的 Pb-Cu-Fe-Ag-Zn 矿化系列（祥云沟铅矿点、河岔口南含银铜矿点、河尾滩北赤铁矿化点）。

祥云沟铅矿点产于下二叠统神仙湾组地层中，岩性主要为灰色薄-中层状中细粒石英砂岩、长石砂岩、灰色白云岩、灰岩和硅质岩。主要赋矿层位为灰色碎裂岩化硅质岩，矿化体宽5~52m，蚀变以硅化、褐铁矿化、孔雀石化为主，新鲜面上见星点状闪锌矿。捡块样分析Cu含量0.03%、Pb含量0.28%、Zn含量0.78%（谢渝等，2011）。该矿点工作程度低，构成铅锌铜矿化系列，成因类型推断为中低温热液成矿。

河岔口南含银铜矿点构造上处于晚古生代神仙湾裂陷槽内，出露地层有二叠系神仙湾组和侏罗系龙山组，铜矿产于二叠系神仙湾组构造角砾岩中。铜矿体长520m，平均厚度3.88m，总体走向60°~70°。矿化主要为黄铜矿、黄铁矿和孔雀石等，铜品位0.35%~6.92%，平均3.07%，银品位53.7×10⁻⁶~306×10⁻⁶，平均136.93×10⁻⁶（陕西省地质调查院，2006c）。该矿点从目前资料推测其主要成因为构造角砾岩型铜矿，是后期热液成矿的一种。

河尾滩北赤铁矿化点矿体围岩为二叠系神仙湾组碎屑岩，矿化范围60m²，矿体呈网脉状，沿北西向断层发育，矿化网脉长20m，宽3m，矿石多呈碎裂结构、块状构造（陕西省地质调查院，2006c）。其成因属低温热液型。

6. III-35Pz₂-6 海西期中酸性岩有关的 Pb-Zn-Cu-Au-Ag 成矿系列家族

该成矿系列家族可划分出与海西期中酸性岩准同生的 Pb-Zn-Cu-Au-Ag 成矿系列（瓦恰铅锌铜矿）。

瓦恰铅锌铜矿产于中石炭统大理岩与长英质角岩接触带附近。已发现5条矿体，其中1号矿体在地表呈似层状展布，出露长约122m，宽0.41~3.23m，平均厚度2.29m。2号矿体见两层铜或铜铅锌矿体及多层黄铁矿化体，围岩以夕卡岩化长英质角岩及大理岩为主，矿石Cu品位1.08%~1.51%，Pb品位0.05%~5.62%，Zn品位2.83%~5.08%，Ag品位3.99×10⁻⁶~85.40×10⁻⁶，伴生Au品位0.10×10⁻⁶~1.68×10⁻⁶。矿石矿物主要为孔雀石和铜蓝等。从地表及钻孔揭露出的矿化类型看，矿区存在多期矿化，以夕卡岩化为主，局部为岩浆期后热液脉状充填，其成因类型为夕卡岩型叠加岩浆期后脉状充填矿床（冯昌荣等，2012）。

7. III-35Mz-7 侏罗纪—白垩纪沉积岩系有关的 Pb-Zn-Cu-Ag 成矿系列家族

该成矿系列家族可划分出与侏罗纪沉积岩系后生的 Pb-Zn-Cu-Ag 成矿系列 (甜水海铅锌矿、卡孜勒铜银矿点) 和与白垩纪沉积岩系后生的 Pb-Zn-Ag 成矿系列 (多宝山铅锌矿)。

甜水海铅锌矿赋存于侏罗系龙山组 (J_2l) 千枚岩-灰岩段接触带右侧, 铅锌矿化强度高、品位富、延伸稳定, 已发现工业矿体 3 条, 低品位矿体 6 条, 矿体走向与接触带近乎平行, 多呈脉状。目前控制矿体长约 450m, 视厚度 1.5~43.50m, 铅平均品位 7.26%, 锌平均品位 0.83%, 普遍伴生银, 平均品位 7.74×10^{-6} (新疆 358 项目进展与成果汇报材料, 2012)。该矿主要成矿类型为层控中低温热液型铅锌矿, 类似矿床还有天神铅锌矿点 (新疆维吾尔自治区地质矿产勘查开发局第十一地质大队, 2012) 和驼峰岭铅锌矿点。

卡孜勒铜银矿点产于侏罗系龙山组 (J_2l) 一套浅海碳酸盐岩夹火山岩建造中, 岩性为鲕粒灰岩、砾屑灰岩、生物灰岩夹玄武岩等。矿点可见长约 150m 的矿化带, 露头宽 15~30m, 走向与北西向区域性乔尔天山—岔路口大断裂走向一致。矿化体位于碳酸盐岩破碎带中, 辉铜矿化、蓝铜矿化、孔雀石化普遍, 矿化强度高。拣块样分析铜平均含量 49.2%, 银平均含量 461.13×10^{-6} (谢渝等, 2011)。

多宝山铅锌矿床产于白垩系铁隆滩组 (K_2tl) 中, 主要岩性为灰岩、碳酸盐岩岩溶角砾岩、砾岩、砖红色泥岩和砂质泥岩, 容矿岩石主要为灰白色、深灰色碳酸盐岩岩溶角砾岩。矿区地表共圈定 6 个矿带, 其中 I 号矿带圈定 3 个矿体, 12 个盲矿体, 达中型规模。目前 I-2 矿体控制长度 100~250m, 真厚度 2~20m, 品位变化大, 为 0.5%~60%。铅锌矿赋存于角砾带、裂隙带及岩溶溶洞中, 矿体形态与岩溶、层间破碎带构造空间形态有关, 矿体产状变化大, 走向无规律, 矿体倾角为 20°~55°, 呈似层状、不规则囊状、脉状产出。矿体上下盘围岩以碳酸盐岩类为主, 部分为碎屑岩类。矿体中矿石品位贫富差别较大, 均伴生银。矿石构造为块状、细脉状、浸染状和角砾状等, 结构为细粒结构。硫化矿石金属矿物主要为方铅矿、白铅矿、闪锌矿, 次为黄铜矿和褐铁矿等。脉石矿物有方解石、白云石、重晶石、石英、长石及泥质物等。围岩蚀变主要有碳酸盐化、硅化及泥化等, 为中低温热液蚀变, 蚀变主要沿断层带及两侧岩石中分布。该类矿床经研究对比认为属密西西比河谷型 (MVT) 铅锌矿 (杜红星等, 2012), 类似矿床还有宝塔山铅锌矿、落石沟铅锌矿点和长蛇沟铅锌矿化点等 (谢渝等, 2011)。

8. III-35Mz-8 燕山期中酸性岩有关的 Cu-Zn-Pb-Fe-Au-Ag-W 成矿系列家族

该成矿系列家族可划分出与燕山期中酸性岩准同生的 Cu-Zn-Fe-Ag 成矿系列 (司热洪铜铁矿) 和准同生 Au-W-Cu-Pb-Zn 矿化系列 (卡拉其古八大山含钨金矿点、谢并喀拉基尔干铜矿点、阿然保泰铅锌矿点)。

司热洪一带出露地层主要有古元古界布伦阔勒岩群、未分志留—奥陶系和第四系。古元古界布伦阔勒岩群与石炭系均为沉积变质岩系, 燕山早期花岗闪长岩侵入该地层中。矿体主要产出在燕山早期花岗岩与石炭系大理岩 (少数为变砂岩) 的接触带及其附近, 已发现 5 条矿体, 呈似层状、脉状或囊状, 延伸不稳定, 厚度变化较大, 矿化以铁为主, 伴生铜。矿体走向多为北西-南东, 倾向北东, 出露长 150~400m, 厚度 0.81~7.05m, TFe 平均品位 28.12%～63.98%，Cu 平均品位 1.44%。矿石矿物主要为磁铁矿，次为黄铜矿（孔雀石、蓝铜矿），脉石矿物有石英、绢云母、白云母、方解石等，矿石呈致密块状、浸染状。初步推断司热洪铜铁矿床属夕卡岩型（或热液型）矿床。在该区灰白色大理岩下盘的变质砂岩中发育一条层间破碎带，还发现有铜锌矿化。已圈定 1 条矿体，长度 50m，厚 1.5m，矿石可见黄铜矿、闪锌矿、孔雀石等，Cu 品位 3.79%，Zn 品位 2.65%，Ag 品位 $8.3×10^{-6}$（河南省地质调查院，2004b）。初步推断司热洪铜锌矿床与铜铁矿类型一致，为夕卡岩型。

卡拉其古八大山含钨金矿点位于东西向卡拉其古断裂北侧，在燕山期花岗闪长岩体断裂破碎带中发育多条矿化石英脉，脉长 10～30cm，宽 1～1.5m，走向 75°，脉内见黑钨矿、黄铁矿、黄铜矿和孔雀石，围岩蚀变为云英岩化、硅化、绢云母化、绿泥石化（祝平，2001）。

谢并喀拉基尔干铜矿点和明铁盖铜矿点均产于花岗岩外接触带的石英脉中，石英脉长达 30m，宽 10～30cm，受北西向剪切带控制，含矿围岩为二叠系含碳岩系。黄铜矿以浸染状分布在石英脉中。这两个矿点均为受断裂控制的与花岗岩体有关的热液型矿化（祝平，2001）。

阿然保泰铅锌矿点发现 1 条铅锌矿体，受断裂控制，宽约 5m。其中有宽 20～30cm 的蚀变带，可见细粒黄铁矿化、褐铁矿化、硅化、碳酸盐化和萤石化等蚀变。铅锌矿体中 Pb 品位 0.55%，Zn 品位 0.48%，Ag 品位 $3.4×10^{-6}$，Au 品位 $0.11×10^{-6}$。

该成矿系列家族中的矿化点其成矿均与燕山期花岗闪长岩-二长花岗岩类岩石有关，矿体多受断裂带控制，呈脉状、网脉状分布，初步推断其成因均属岩浆期后热液成矿。

9. III-35Cz-9 喜马拉雅期中酸性岩有关的 Pb-Zn-Au-Ag 成矿系列家族

该成矿系列家族可划分出与喜马拉雅期中酸性岩准同生的 Pb-Zn-Au-Ag 矿化系列（斯如依迭尔铅锌矿点、阿然保泰金矿点）。

斯如依迭尔铅锌矿点内岩浆岩以花岗闪长岩为主，岩体呈北西-南东方向展布，略呈弧形，为一不规则的楔状透镜体，侵入于二叠系中。岩体中发育 1 条近南北向断裂，宽约 5m。断裂带近上盘处有宽 20～30cm 的蚀变带，可见细粒黄铁矿化、褐铁矿化、硅化、碳酸盐化和萤石化等蚀变。矿区已发现 2 个铅锌矿化体，产于花岗闪长岩体与围岩外接触带上，均为含矿石英脉，矿石成分简单，主要金属矿物为闪锌矿、方铅矿、黄铜矿、黄铁矿，脉石矿物主要为石英、方解石、萤石等。矿石具有压碎结构、交代残余结构和块状构造。矿石中主要成矿元素为 Pb、Zn，伴生 Ag（$3.4×10^{-6}$）、Au（$0.11×10^{-6}$）等。斯如依迭尔铅锌矿成矿与花岗闪长岩在空间和时间关系最为密切，含矿花岗闪长岩的锆石 LA-ICP-MS U-Pb 年龄为 12.7±0.13Ma（于晓飞等，2012），岩体形成于喜马拉雅晚期（中新世晚期）。因此，花岗闪长岩锆石年龄也表明斯如依迭尔铅锌矿点成矿作用发生在喜马拉雅期，成矿年龄等于或者略小于 13Ma 左右，其主要成因类型属于与喜马拉雅期花岗闪长岩准同生的岩浆热液矿床。

阿然保泰金矿点内燕山期、喜马拉雅期碱性岩和碱性花岗岩类发育。金矿化见于褐黄色、褐色含黄铁矿细粒正长岩脉中，岩脉侵入灰白色中粗粒花岗正长岩中，岩石蚀变有黄铁矿化、绿帘石化、绿泥石化（河南省地质调查院，2004b）。初步推断其成因与斯如依迭尔铅锌矿相同，为与喜马拉雅期中酸性岩准同生的岩浆热液矿床。

第四节 成矿谱系研究

陈毓川等（2003）提出了"矿床成矿谱系"（简称为"成矿谱系"）的新概念，主要用于研究一个特定区域内经历的全部地质历史过程中成矿作用的演化过程及成矿产物的时空分布、内在联系的规律等。探讨一个区域内的各个成矿旋回中某个成矿旋回内形成的矿床和矿床成矿系列之间的关系。成矿谱系研究已在桂北地区和阿尔泰地区开展了示范性工作（陈毓川，1994；王登红等，1998）。近年来，通过"中国成矿体系与区域成矿评价"项目的研究，明确指出成矿谱系是指一定区域内地质构造演化过程中成矿作用的演化及时空结构（王登红等，2007）。区域矿床成矿谱系可揭示成矿物质在区域地质构造演化过程中分散与集中、组合与变化、区域成矿作用的继承性与突发性等规律，是区域成矿学的重大问题，也是调查区域壳幔作用及演化的重要内容。

鉴于西昆仑地区喀喇昆仑成矿带近年来的地质找矿成果突出，特别是塔什库尔干一带的铁矿和甜水海一带的铅锌矿更是以其超大型规模引起广泛关注，因此我们只对喀喇昆仑成矿带进行了成矿谱系研究。

按照前人成矿谱系研究思路和内涵，根据5个主要构造旋回成矿演化的阶段，结合前面厘定出的12个成矿系列，我们构建了喀喇昆仑成矿带区域成矿谱系，用以阐明该带成矿系列的时空演化规律，具体见图3-1。

1. 前寒武纪地壳增生及基底形成阶段与成矿

本阶段为古元古代地壳增生—前震旦纪基底形成时期，在塔什库尔干陆块形成了与古元古代沉积变质作用同生的Fe矿床成矿系列。该类矿床所对应的构造环境为大洋伸展环境，是塔什库尔干微古陆块在张裂作用下形成的同生断裂导致盆地内基性火山喷发，从而提供了大量的成矿热液和铁质来源，形成了一大批大型铁矿床，已发现有赞坎、莫喀尔、老并、吉尔铁克沟和叶里克等磁铁矿床。反映出前寒武纪成矿仅有伸展阶段产物的不完整成矿演化，并形成了一批以铁（铜、金）为主的大中型矿床，铁矿成矿条件好，资源潜力大。

2. 早古生代原特提斯洋形成演化阶段与成矿

本阶段为早古生代原特提斯洋形成及加里东期地壳增生的演化时期，在塔什库尔干和黑恰形成了与志留纪海相沉积岩系同生的铁（铜）矿床成矿系列，已发现有切列克其和黑黑孜占干菱铁矿。在阿克赛钦陆缘盆地形成了与志留纪沉积变质岩系后生的铜（铅锌银）矿化系列，已发现有黑黑孜铜矿化点和黑黑孜占干铜矿点等。该成矿系列反映出早古生代缺失寒武纪和奥陶纪，仅为志留纪的拉张阶段的不完整成矿演化，成矿特色以沉积成矿作用为主，形成了以铁（铜）矿为主的大中型矿床。

3. 晚古生代古特提斯洋关闭及大陆碰撞演化阶段与成矿

本阶段为晚古生代古特提斯洋形成及海西期构造–岩浆活化时期，主要成矿系列有：泥盆纪沉积岩系同生Cu-Au矿化系列，在麻扎神仙湾一带已发现有鱼跃石铜金矿点；二

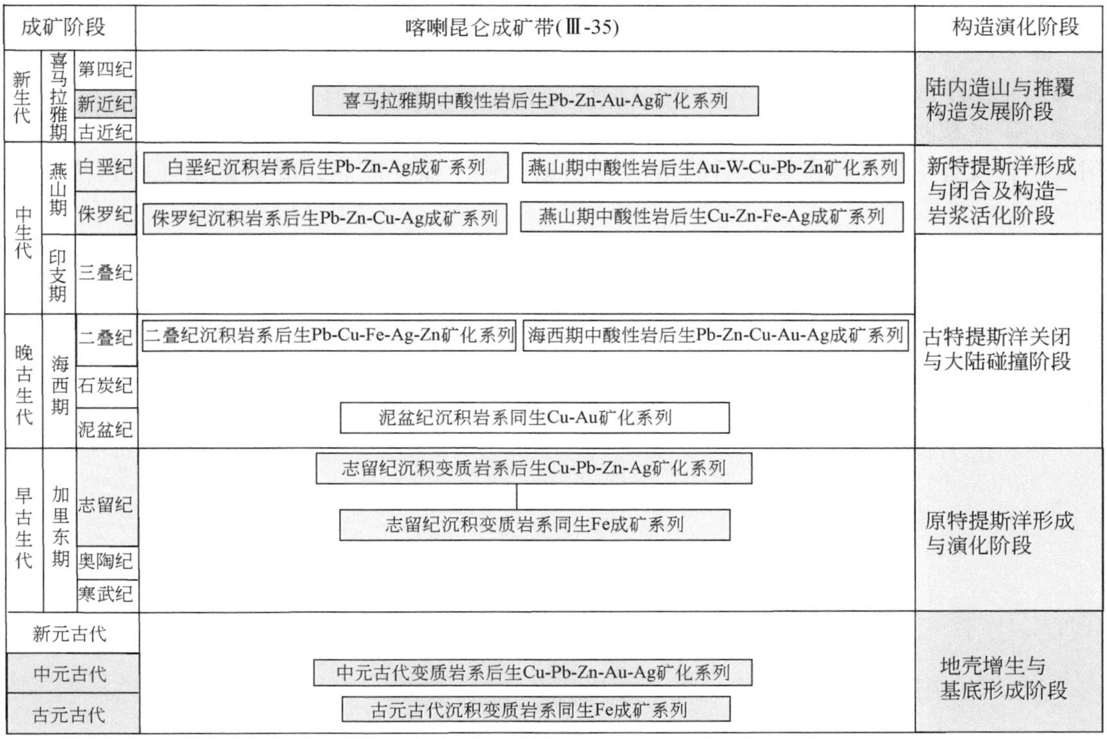

成矿阶段			喀喇昆仑成矿带(Ⅲ-35)		构造演化阶段
新生代	喜马拉雅期	第四纪	喜马拉雅期中酸性岩后生Pb-Zn-Au-Ag矿化系列		陆内造山与推覆构造发展阶段
		新近纪			
		古近纪			
中生代	燕山期	白垩纪	白垩纪沉积岩系后生Pb-Zn-Ag成矿系列	燕山期中酸性岩后生Au-W-Cu-Pb-Zn矿化系列	新特提斯洋形成与闭合及构造-岩浆活化阶段
		侏罗纪	侏罗纪沉积岩系后生Pb-Zn-Cu-Ag成矿系列	燕山期中酸性岩后生Cu-Zn-Fe-Ag成矿系列	
	印支期	三叠纪			
晚古生代	海西期	二叠纪	二叠纪沉积岩系后生Pb-Cu-Fe-Ag-Zn矿化系列	海西期中酸性岩后生Pb-Zn-Cu-Au-Ag成矿系列	古特提斯洋关闭与大陆碰撞阶段
		石炭纪			
		泥盆纪	泥盆纪沉积岩系同生Cu-Au矿化系列		
早古生代	加里东期	志留纪	志留纪沉积变质岩系后生Cu-Pb-Zn-Ag矿化系列		原特提斯洋形成与演化阶段
		奥陶纪	志留纪沉积变质岩系同生Fe成矿系列		
		寒武纪			
新元古代					地壳增生与基底形成阶段
中元古代			中元古代变质岩系后生Cu-Pb-Zn-Au-Ag矿化系列		
古元古代			古元古代沉积变质岩系同生Fe成矿系列		

图 3-1　新疆喀喇昆仑成矿带区域成矿谱系（乔耿彪等，2015a）

叠纪沉积岩系后生 Pb-Cu-Fe-Ag-Zn 矿化系列，在岔路口一带已发现有祥云沟铅矿点、河岔口南含银铜矿点和河尾滩北赤铁矿化点等；海西期中酸性岩后生 Pb-Zn-Cu-Au-Ag 成矿系列，在塔什库尔干一带已发现有瓦恰铅锌铜矿床。本阶段成矿系列反映出晚古生代缺失石炭纪的成矿信息，仅为泥盆纪、二叠纪的汇聚至固结的不完整成矿演化，而海西期以岩浆成矿作用为主的成矿特色，形成了以铅、锌、铜矿为主的矿床。

4. 中生代新特提斯洋形成及构造-岩浆活化阶段与成矿

本阶段为中生代新特提斯洋的形成与闭合及构造-岩浆活化时期，主要成矿系列有：侏罗纪沉积岩系后生 Pb-Zn-Cu-Ag 成矿系列，在西昆仑南部的甜水海一带已发现有甜水海铅锌矿和卡孜勒铜银矿点等；白垩纪沉积岩系后生 Pb-Zn-Ag 成矿系列，已发现有多宝山铅锌矿和宝塔山铅锌矿等；燕山期中酸性岩后生 Cu-Zn-Fe-Ag 成矿系列，在塔什库尔干已发现有司热洪铜铁矿点和司热洪铜锌矿点等；燕山期中酸性岩后生 Au-W-Cu-Pb-Zn 矿化系列，已发现有卡拉其古八大山含钨金矿点、谢并喀拉基尔干铜矿点、明铁盖铜矿点和阿然保泰铅锌矿点等。本阶段成矿系列的构成，反映出中生代缺失三叠纪的成矿信息，从侏罗纪至白垩纪经历了从板内固结、构造活化向较为稳定的板内固结的演化历程，成矿特点以燕山期的构造-岩浆成矿作用为主，而沉积成矿作用为辅，形成了铅、锌、铜、金等矿床。

5. 新生代陆内造山及推覆构造演化阶段与成矿

本阶段为新生代（喜马拉雅期）陆内造山及推覆构造发展演化时期，主要成矿系列为喜马拉雅期中酸性岩后生 Pb–Zn–Au–Ag 矿化系列，已发现有斯如依迭尔铅锌矿点、阿然保泰金矿点和明铁盖达坂北金矿点等。本阶段仅构成 1 个成矿系列，反映出新生代成矿作用较弱，仅有中酸性侵入岩期后热液形成的铅、锌、金等矿点，成矿远景还有待进一步研究。

综上所述，喀喇昆仑成矿带主体属于陆块及其陆缘盆地演化类型。其成矿时代明显集中于元古宙、古生代和中生代，而新生代的成矿作用较弱。古元古代地壳演化的基底陆壳，地质演化历史长，成矿地质条件优越，在塔什库尔干的塔阿西—莫喀尔一带已查明一批沉积变质型的大中型铁矿床，进一步找矿潜力巨大；而中生代新特提斯洋的形成及构造–岩浆活动演化阶段，目前已在甜水海—岔路口一带发现一批铅锌矿床，展示成矿远景好，找矿潜力较大。

第四章　遥感技术方法

第一节　工 作 流 程

　　以航天遥感为主要手段，在深入了解、综合分析工作区已取得的地质、矿产、物化探等调查研究成果的基础上，以西昆仑—喀喇昆仑构造研究的最新成果和新的成矿理论为指导，首先分析调查区已知矿床地质特征及主要矿化蚀变类型，然后以卫星遥感影像作为主要信息源，特别是应用分辨率优于1m的高分遥感数据，推进以高分辨率多光谱遥感数据为主的多层次、多元遥感地质解译工作，在遥感初步解译的基础上，进行野外踏勘、岩石地层单元和典型蚀变矿物波谱测试，从而建立与主要蚀变矿物分布有关的矿化蚀变带的波谱特征及其图像识别标志。以此为基础，开展两个方面工作：一方面在全区开展构造、岩性解译，对调查区成矿/控矿岩石、地层、构造信息进行提取，研究构造的空间组合特征以及与矿产的关系，编制遥感地质解译图；另一方面，针对已知矿床（矿化点）不同的蚀变类型，进行多种图像增强处理及其叠加运算，确定最佳遥感矿化异常的提取方法，最大限度地提取蚀变信息，圈定遥感矿化蚀变异常区（带）并进行异常筛选与分级，同时编制遥感异常图。最后针对解译成果及筛选的遥感异常选定野外验证目标后到现场开展地质调查，采集岩矿样品进行鉴定分析，结合区域成矿特征、典型矿床分析及本次工作内容，建立调查区遥感找矿模型并开展矿产资源潜力遥感评价，为后续矿产资源勘查提供一批找矿靶区，编制遥感找矿预测图。

　　具体技术路线见图4-1。

第二节　遥感数据源配置和数据处理

一、遥感数据源配置

　　本次工作主要选择了三种具不同分辨率的多光谱遥感数据类型作为主要信息源，分别是ETM数据、Aster数据和以WorldView-2为代表的高分卫星遥感数据（表4-1），其中ETM与Aster用于调查区宏观地质解译与遥感蚀变异常提取，WorldView-2数据则主要应用于高分构造、岩性、蚀变带、矿化带和矿体等解译。

　　美国ETM数据地面分辨率多波段为30m，全色波段分辨率为15m，波段融合后图像分辨率达15m。本次工作选择数据噪声低，云量及云影少，波谱范围广（0.45～2.35μm、10.4～12.5μm），是区域地质解译和反映下垫面景观的良好信息源，能够快速高效地进行区域遥感解译及蚀变信息提取。

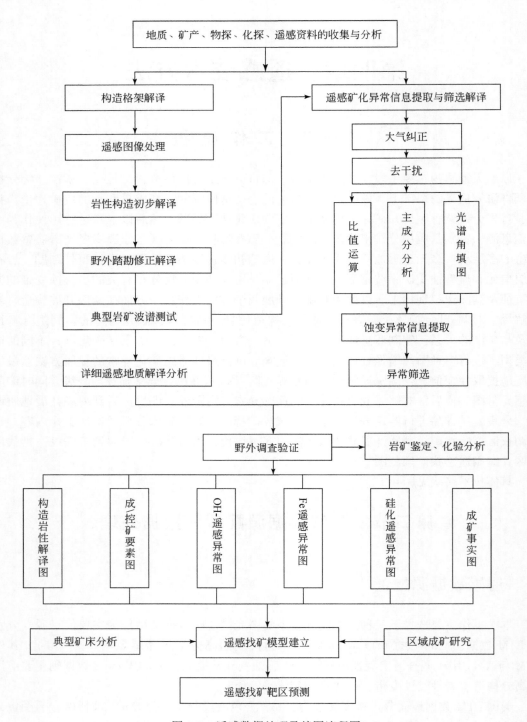

图 4-1　遥感数据处理及编图流程图

表 4-1 ETM、Aster 与 WorldView-2 卫星数据参数

数据类型	ETM	Aster	WorldView-2
卫星发射时间	1999 年 4 月	1999 年 12 月	2009 年 9 月
光谱波段	全色+多光谱（7 个波段） 全色：500～900nm 蓝：450～520nm 绿：520～600nm 红：630～690nm 近红外短波：760～900nm 近红外中波：1550～1750nm 近红外长波：2080～2350nm 热红外：10400～12500nm	多光谱（14 个波段） 绿：520～600nm 红：630～690nm 近红外短波：760～860nm 近红外中波：1600～1700nm 近红外长波：2145～2185nm 2185～2225nm 2235～2285nm 2296～2365nm 2360～2430nm 热红外：8125～8475nm 8475～8825nm 8925～9275nm 10250～10950nm 10950～11650nm	全色+多光谱（8 个波段） 全色1：400～650nm 全色2：450～625nm 海岸：400～450nm 蓝：450～510nm 绿：510～580nm 黄：585～625nm 红：630～690nm 红边：705～745nm 近红外：770～895nm 近红外-2：860～1040nm
分辨率	全色波段 15m 4 波段多光谱 30m	可见光近红外 15m 短波红外 30m 热红外 90m	全色波段 46cm 8 波段多光谱 184cm
轨道	高度 705km 太阳同步 降交点地方时 10：30 周期：98.9min	高度 705km 太阳同步 降交点地方时 10：30 周期：98.9min	高度 770km 太阳同步 降交点地方时 10：30 周期：100min
星下点幅宽/单景面积	185km×185km/34225km²	60km×60km/3600km²	16.4km×16.4km/269km²
轨道倾角	98.22°	98.2°±0.15°	98°
卫星重访周期	16 天	16 天	1m GSD 成像时：1.1 天 偏离星下点20°：3.7 天
在轨立体获取能力	低	高	高

　　Aster 数据有较高的空间分辨率（近红外区域为 15m），与 ETM 和 TM 相比有较多的通道；由于它在短波红外区把蚀变谱带光谱设为 6 个波段，使得对于特定的蚀变矿物组合的识别更为现实；而且在热红外区设计了 5 个波段，可以利用 Aster 数据进行岩性识别研究。采用 Aster 数据的这一特性，可以作为 ETM 和 TM 的补充和增强，从而提高数据在资源勘查中的效率。

　　WorldView-2 是近 5 年来发展起来的高分卫星数据，其他类似数据还有 QuickBird、Ikonos、GeoEye-1 和 Pleiades 等。其中 WorldView-2 由 DigitalGlobe 公司于 2009 年 10 月 6 日发射升空，运行在 770km 高的太阳同步轨道上，能够提供 0.5m 全色图像和 1.8m 分辨率的多光谱图像。星载多光谱遥感器不仅具有 4 个业内标准谱段（红、绿、蓝、近红外），还包括四个额外谱段（海岸、黄、红边和近红外–2），多样性的谱段可提供进行精确变化检测和制图的能力。WorldView-2 具较高的地面分辨率（表4-1），空间解析力的大幅度跃进奠定了 WorldView-2 数据在高精度、大比例尺地物地质解译方面应用的基础。理论上，WorldView-2 基本能满足地质剖面实测时岩性分层需要，对断裂、节理、层理、不整合面等线状地质体的最小可解长度缩小到了不足 3m（相比 ETM，这个长度为将近 1000m）；对地质体的层位特别是岩性分层以及脉岩、构造裂隙等均有着强大的解析能力。

WorldView-2 新增的近红外短波波段（近红外–2），波长达到 1040nm，比陆地卫星的近红外短波波段（如 ETM4 波段）的 900nm 高一些，这样增强了它的地质制图能力，使它在矿山勘探工程部署、矿区地质构造解析、矿区环境及地质灾害监测等矿山地质应用方面极具优势。但是 WorldView-2 在近红外中长波波段方面的匮乏使它在地质应用中存在明显的不足，从表4-1 可以看出：ETM 数据长波的响应达到了 12500nm，Aster 数据的长波响应达到了 11650nm，WorldView-2 数据的长波段响应截止于 1040nm。从表4-2 列出的不同波段的探测特性看，波段波长在 1140nm 以上才适合主要地质体的探测。因此，在波谱特性方面，由于 WorldView-2 不如 ETM、Aster 所具备的宽泛波谱区间，其合成的图像色调层次明显欠佳，色彩表达力受到较大制约。图像的彩色空间容纳的信息理论上要比灰阶色调系统所包含的信息高出 2^{16} 倍，欠缺近红外中长波波段，使得 WorldView-2 的地质应用在波谱探测能力方面大打折扣。因此需要组合使用 ETM、Aster 与 WorldView-2（局部云干扰较多的地段补充了 Ikonos 等数据）三种数据，可以实现多元、多层次遥感地质应用效果。各景数据时相均落于 5~10 月之间。总云量低于全区面积的 3%。

表 4-2　可见光、近红外、短波红外、热红外对金属矿床探测特点

波段/μm		探测特性	金属矿床的遥感应用
可见光	0.4~0.5（蓝）	沙漠漆（黑色），水体，悬崖	突出断层崖，采坑和古巷道，挖掘成的洞（亮）
	0.5~0.6（绿）		
	0.6~0.7（红）	铁氧化，无植被的岩石与土壤	铁氧化物：从石英脉、多金属脉、泥化盖、（古）热泉中的黄铁矿和拆离断层中的赤铁矿氧化而来；红色岩石，如花岗岩、辉石夕卡岩；断层
近红外	0.7~0.8	植被（特亮），与矿化相关的植被红边蓝移	断层上生长的水滨，与蚀变或小火山口相关的拗陷，硅化块体、脊、脉、矿化区生长的矮小植被，与矿化和岩性相关的植被种类变化，与地质、矿化相关的叶面反射率变化
	0.8~1.1	植被（宽反射）	
短波红外	1.4~1.5	黄钾铁矾，非晶形铁氧化物	黄铁矿氧化带，迁移的铁涂层
	1.5~1.8	以浅色矿物质为主要成分的岩石和亮色调次生蚀变	亮色调硅化、明矾石化和次生泥化盖，流纹岩和花岗岩，蚀变线性构造，构造，控矿断层，岩性单元和接触带
	1.8~2.0	植被（黑），黄钾铁矾，非晶形铁氧化物	黄铁矿氧化带，迁移的铁涂层
	2.0~2.1	水铵长石，石膏	热泉边上和沉积岩容矿的矿床的非晶形长石带

续表

波段/μm		探测特性	金属矿床的遥感应用
短波红外	2.1~2.2	叶蜡石、明矾石、高岭石	与高岭石斑岩金矿和含金斑岩铜矿及其他火山岩容矿的矿床有关的高级泥化，围绕热泉的泥化和沉积岩容矿的矿床，构造
	2.2~2.3	蒙脱石、绢云母、伊利石	围绕石英、伊利石脉、剪切带和多金属脉的线性蚀变镶边，沉积岩容矿矿床的泥化带，构造
	2.3~2.4	绿泥石、绿帘石、方解石、白云石	环绕火山岩容矿和白云岩容矿矿床的青磐岩化晕，沿浅成热液矿脉分布的方解石区域，钙质容矿岩石和沉积岩容矿矿床的脱钙区（黑色），构造
热红外（TIR.）	8.75~9.30	花岗岩、石英岩、硅质岩、流纹岩	识别硅化、碧玉、流纹岩硅质角砾、硅质泉华、不同的长英质火成岩，包括：流纹斑岩及其相关的浅成热液矿床，石英岩、硅质沉积岩填图
	9.30~9.75	花岗闪长岩、石英二长岩、安粗岩、英安岩、正长岩	从镁质岩石中识别不同的中性火成岩、识别通常与沉积岩容矿的金矿有关的岩株、岩墙
	9.75~10.60	闪长岩、安山岩、玄武岩、辉绿岩	在火成杂岩体和闪长岩基中识别与斑岩型铜金矿有关的镁质相，从长英质单元中分开安山质火山岩
	10.60~11.00	橄榄岩、纯橄榄岩、超基性岩	将超基性岩与长英质单元区分，有在绿岩带型和镁质火山岩型金矿石英脉和排气环境中的应用潜力

　　对于黑恰一带的遥感解译，受数据接收状况限制，没有合适的 WorldView-2 数据源，我们针对性地应用了其他高分数据，选取 Ikonos 和 GeoEye-1 卫星数据。本次收集的遥感数据干扰少，特征信息量丰富，云层覆盖小于 5%，已知矿点或成矿有利地段没有云雪覆盖，各景数据时相均落于 5~8 月。岔路口—甜水海一带遥感数据源较少，我们最终选择了与 WorldView-2 具有相同空间分辨率的 Pleiades 卫星遥感数据作为信息源。Ikonos、GeoEye-1 和 Pleiades 卫星数据有关参数特性见表 4-3 所示。调查区除采用上述常规影像数据（ETM、Aster）和新型高分数据（WorldView-2、Ikonos 和 GeoEye-1 等）外，还收集了部分区域的数字高程模型（DEM），用于成果图件的地理背景层和遥感影像正射纠正。

　　对上述遥感数据的处理主要使用了 ENVI、ERDAS IMAGINE 及 Photoshop 软件三种，ENVI 和 ERDAS IMAGINE 用来进行波段组合、数据融合、数据格式转换、数据拼接、正射纠正等，Photoshop 用来进行影像色彩处理。数据处理流程包括：多光谱数据波段组合→将高分辨率全色影像与低分辨率多光谱影像做分辨率融合→16bit 数据类型转换为 8bit 的数据类型→将融合好的数据做波段分离→将单波段数据格式转换为带坐标文件的 TIFF 文件→在 Photoshop 中调色处理→将调好的数据转回 IMG 格式，并做波段组合→正射校正→通过裁剪和镶嵌去黑边。

表 4-3　Ikonos、GeoEye-1 和 Pleiades 卫星数据基本参数

数据类型	Ikonos	GeoEye-1	Pleiades
卫星发射时间	1999 年 9 月	2008 年 9 月	2011 年 12 月
所属国别	美国	美国	法国
光谱波段	全色波段：0.45 ~ 0.90μm 多光谱： 波段 1（蓝色）：0.45 ~ 0.53μm 波段 2（绿色）：0.52 ~ 0.61μm 波段 3（红色）：0.64 ~ 0.72μm 波段 4（近红外）：0.77 ~ 0.88μm	蓝色：450 ~ 510nm 绿色：510 ~ 580nm 红色：655 ~ 690nm 近红外：780 ~ 920nm	全色：480 ~ 830nm 蓝：430 ~ 550nm 绿：490 ~ 610nm 红：600 ~ 720nm 近红外：750 ~ 950nm
分辨率	全色波段 1m 多光谱 4m	全色波段 0.41m 多光谱 1.65m	全色 0.5m 多光谱 2m

二、遥感数据处理

（一）影像波段优选及数据融合

对于 ETM 及 Aster 的数据处理方法早已成熟，这两种数据除为框架性解译准备，还为识别更多岩石和造岩矿物而应用，达到多层次解译及多元应用目的。采用传统处理方法，ETM 数据影像图参与融合的波段为 B7、B4、B1、B8，形成 1∶50 万或 1∶10 万区域影像图；Aster 数据影像图参与波段组合的波段为 B7、B3、B1，形成 1∶10 万或 1∶5 万工作区影像图。

对于 WorldView-2 为代表的高分遥感数据波段组合的选择一般遵循两个原则：一是波段辐射量的方差应尽可能大，因为方差的大小体现了所含信息的多少，方差越大波段所包含的信息量越大；二是波段组合之间的相关性要小，波段之间相关性很强时，各波段所包含的信息之间有可能出现大量的重复和冗余。最佳指数能较好地反映这两个原则。理论依据是：图像数据的标准差越大，所包含的信息量越多；而波段的相关系数越小，表明各波段的图像数据独立性也就越高，信息的冗余度也就越小。通过对全区 WorldView-2 数据进行最佳指数计算，843 组合、743 组合、841 组合最佳指数均较大，其中 843 组合最大，所含信息量最丰富（表4-4）。依据同样的方法，Ikonos 采用了 321 波段组合，GeoEye-1 采用了 421 波段组合，Pleiades 卫星采用 321 波段组合与 421 波段组合。

表 4-4　WorldView-2 数据不同波段组合的最佳指数计算结果表

波段组合	841	532	753	851	752	861	843	743	732	832	842	852
最佳指数	184	143	173	161	150	183	200	196	158	163	176	155

根据选定的波段组合与 PAN 波段（全色波段）融合，既可以充分利用 PAN 波段的最高分辨率，又可以实现最佳彩色合成效果。融合全色数据后，WorldView-2 和 GeoEye-1 生

成分辨率为 0.5m 的影像图，Ikonos 生成分辨率为 0.72m 的影像图。相对应的 1∶5 万比例尺下，保持全像素的图像分辨率 WorldView-2 和 GeoEye-1 为 2538.9844p/mch，Ikonos 为 1586.87p/mch；相对应的 1∶1 万比例尺下，保持全像素的图像分辨率 WorldView-2 和 GeoEye-1 为 507.8p/mch，Ikonos 为 317.374p/mch。可见信息量非常大。在实际解译中，由于 WorldView-2 卫星数据可利用波段相对较多，采用的融合方式比较灵活，针对具体岩性一般进行多组影像合成比对解译。

（二）高分数据无缝拼接及正射校正

原始接收的遥感图像均存在几何畸变和投影差，使用前必须进行正射校正予以消除，对于 WorldView-2 为代表的高分遥感数据首先根据收集的调查区 1∶5 万地形图和数字高程模型（DEM），进行成果图件的地理背景层和遥感影像正射纠正。其中 1∶5 万高分影像图的数学基础采用 1980 西安平面坐标系，1985 国家高程基准，高斯–克吕格投影。1∶1 万全分辨率解译底图采用 3°分带，1∶5 万成果图采用 6°分带。影像图制作参照《遥感影像平面图制作规范》（GB/T 15968—2008）执行。

本项目是在 ENVI 软件下利用有理函数模型＋高精度高程数据 DEM＋地面控制点 GCP 来完成影像的正射纠正：

（1）分块数据无缝拼接：由于该类型数据分辨率高，每一景的数据量很大，每一景的数据都是以分块数据分发的，因此在做正射校正之前应该先将分块数据拼接为一景数据，用以正射，需要拼接的数据有多光谱数据和全色数据两种。

（2）数据正射校正：包括多光谱数据和全色数据的正射处理，采用 RPC＋DEM＋GCP 方法进行处理（图 4-2），RPC 即有理函数模型，DEM 为高程数据，其精度要求较高（5~10m），GCP 为地面控制点，其精度要求为 20~30cm，一般每景数据 5~8 个。纠正控制点尽量选在山间较为开阔的平地上，地物标志清晰明显，点位分布尽量均匀。排除误差较大的点，同时在该点附近耐心选择合适的控制点，使整体误差最优。纠正与配准控制点误差要求：平地地形配准控制点中误差为 0.5~1 个像素，丘陵地形配准控制点中误差为 0.5~1 个像素，山地地形配准控制点中误差为 1~1.5 个像素，配准控制点最大残差不超过 2 倍中误差。使用纠正公式对影像逐点进行纠正，纠正误差要求不大于图上距离 0.5mm，控制点拟合精度控制在 0.3mm 以内。

（3）数据纠正融合：通过 PCI 图像处理软件，以 1∶5 万地形图为基础资料，参考 DEM 数据，纠正模型采用 RPC 参数模型，对高分影像正射纠正，重采样方法采用三次立方卷积法，经过融合处理后的数据即为最终的正射影像。

（三）图像数据增强处理

增强处理主要选择了波段组合法、比值组合法、主成分分析法和融合技术等，使需要的专题因子信息得到突出，扩大不同影像特征之间的差别。这是对解译目标信息实施针对性增强处理的一种方法，提高了对图像的解译和分析能力。

1. 波段运算变换方法识别岩性信息

对于 WorldView-2 多波段图像，通过进行一系列的波段代数运算，从而达到增强岩性

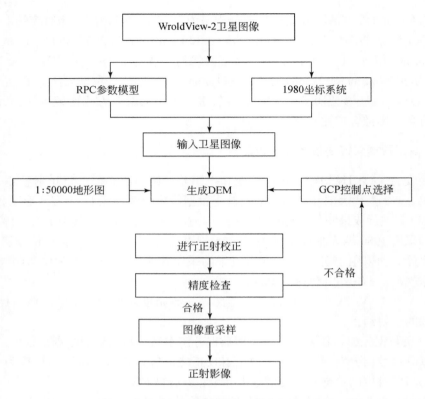

图 4-2　高分卫星遥感图像正射校正流程图

信息的目的。如通过 WorldView-2 数据 band8、band4/band1、band5/band3 的组合，可以识别闪长岩、大理岩、片岩等，突出岩性之间的界限（图4-3）。

图 4-3　比值法岩性增强

2. 变换方法融合技术识别岩性信息

在遥感影像处理过程中，通常采用的融合方法有主成分变换、IHS 变换、加权乘积、比值变换、小波变换、高通滤波、BROVERY、结合 RGB 与 IHS 变换的 PANSHARP 融合等多种方法，应当根据调查区的不同、解译对象的不同选择不同的融合方法（图 4-4）。针对调查区的实际情况，我们开展了上述变换方法的实验性研究，根据实验结果主要采用主成分变换、PANSHARP 融合等方法。这些方法处理后的影像能清晰地表现纹理信息；影像光谱特征还原真实、准确、无光谱异常；融合影像色调均匀、反差适中。

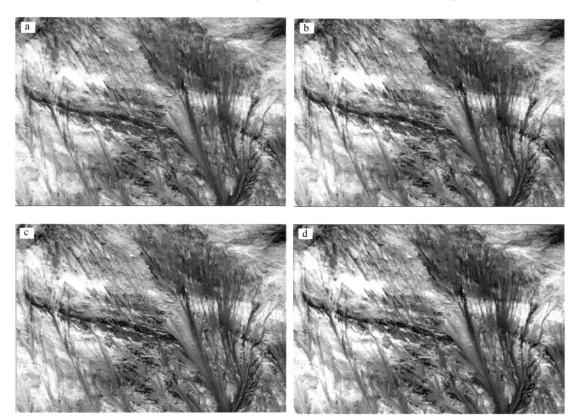

图 4-4　不同方法融合效果对比图

a—主成分变换融合；b—PANSHARP 融合；c—高通滤波融合；d—加权乘积融合

其中主成分分析是一种除去波段之间的多余信息，将多波段的图像信息压缩到比原波段更有效的少数几个转换波段的方法。基于主成分的信息分解技术是增强地质岩性弱信息的一种常见方法。例如采用 532 主成分变换信息分解和 681 主成分变换信息分解，将两者结果进行融合得到新图像，既包含 8 个波段信息，又使得不同波段相关性较小，增强了不同岩性之间的反差。图 4-5 左图中暗色的黑云石英片岩与白色花岗岩体界线明显，在黑云石英片岩中有岩脉侵入。图 4-5 右图中片岩相的变质岩，片理清楚，不同片岩因石英、云母、长石等矿物含量不同而呈不同色调，明暗程度亦不同。其中在片岩组有一套图像呈橘红色的铁矿化带。

图 4-5　主成分变换岩性增强效果图（2010 年 WorldView-2 数据）

3. 多重主成分分析法

应用各种方法，包括主成分分析、波段差值、比值等，尽可能提取图像的较弱的地质构造信息，然后提取信息量最丰富的组合，进行二次处理或选取对专题信息最有利的结果再次进行主成分分析，进行地质信息的二次增强。

赛图拉岩群岩性为一套中深变质岩，Ikonos 数据主要为可见光–近红外，该套岩性色调接近不易区分，采用主成分变换可以增强其反差（图 4-6）。

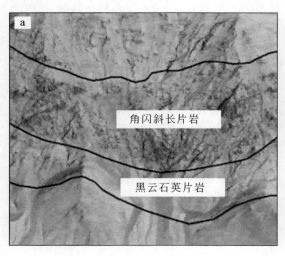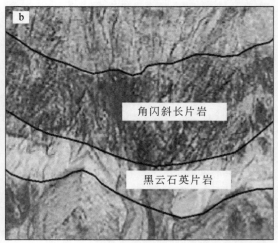

图 4-6　主成分变换方法识别变质岩信息
a—Ikonos 图像 321 组合；b—Ikonos 图像主成分变换

4. 去相关分析

去相关分析是对图像的主成分进行对比度拉伸处理，该方法针对 Ikonos 等光谱分辨率比较低的图像能有效地降低不同波段之间的相关性，增大不同地质体信息之间的反差。对

Ikonos 图像 321 波段组合进行去相关分析，菱铁–赤铁矿矿化带在增强后的图像上表现为不同深浅的褐色，规则条带状影纹图案，矿化带呈层状，与地层走向一致，而底板围岩以暗灰蓝–暗褐–黑色色调为主，间红褐色色调，顶板围岩为蓝色–浅蓝灰–灰黄–灰色色调，呈带状延伸，矿化带与围岩界线清楚；菱铁–赤铁矿矿体呈暗红褐色色调，沿矿化带呈窄条带状延伸（图 4-7）。

图 4-7　菱铁–赤铁矿矿化带遥感影像解译标志（Ikonos 图像）

5. 差别化拉伸

志留纪温泉沟群千枚岩与变砂岩互层通常硅化蚀变强烈，发育的石英脉常含铜铅锌矿化，该套岩性组合是温泉沟群重要的赋矿层位。在 Ikonos 图像中千枚岩与变砂岩均呈浅蓝色，区分不明显，采用差别化拉伸后，千枚岩呈浅蓝色，变砂岩呈白色，区分明显（图 4-8）。

（四）DEM 提取地形辅助断层解译

地形地貌单元界线的突变、界面的几何形态、微地貌线性特征变化和变形直接反映断裂的存在。主要表现为：

（1）地貌单元界线的突变。以线性影像为界线分割两个地貌单元。

（2）界面的几何形态。两个地貌单元的分界线以陡坎、陡崖、三角面等几何形态显示。

（3）微地貌线性特征变化。沿断裂线形成串珠状鞍形脊、负地形、山体错位等微地貌现象。

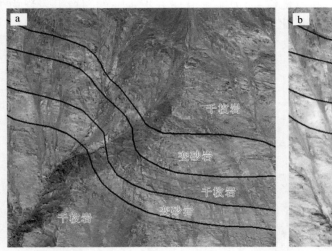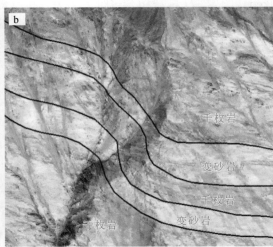

图 4-8　差别化拉伸区分千枚岩与变砂岩互层信息对比图

a—Ikonos 图像 321 组合；b—Ikonos 图像差别化拉伸

　　（4）水系、泉点的规律性变化也间接地指示断裂构造的存在。主要特征是水系错位、格子状和角状水系、水系网密度突然变化、地下水溢出点呈线形展布等。

　　通过以 DEM 提取地形可以反映出地形地貌的这种变化，也可以间接反映水系的变化，沿断裂线串珠状地形错位、断层三角面、水系的错位及突然变化均清晰反映，可以辅助对断层的解译（图 4-9）。

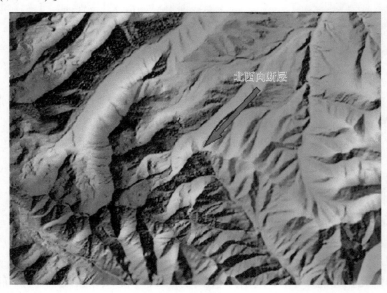

图 4-9　DEM 提取地形辅助断层解译图（数据源：2010 年 WorldView-2 数据）

（五）影像数据阴影区处理

由于 WorldView-2 等载星具有的低轨道、侧扫描特性，山区影像上不可避免地出现一些阴坡阴影区。为提高连续阴坡阴影区可解译程度而不破坏全区影像色调影纹特征，图像处理过程中对连续阴坡阴影区进行了掩膜+低频扩展处理。具体流程为：全图正常融合增强处理→在解译过程中遇到连续阴坡阴影区时对其分布范围进行边缘柔化或适当羽化的掩膜→对掩膜区域利用直方图低频扩展法增强显示阴影区图案及色调→连续阴坡阴影区解译完成后可去除或关闭掩膜层。也就是根据阴影与其他地物亮度的差异，设定一个合适的阈值，将阴影区与非阴影区分离出来，同时两者之间的边界设定一定的羽化，只对阴影区进行线性拉伸，分解不同岩性之间的差异，实现对阴影的处理。该方法是在解译过程中对图像局部区域做针对性的即时处理，所以不会破坏全区影像的色调影纹特征，也不会因此而牺牲非阴坡阴影区的色彩质量（图 4-10）。

图 4-10　影像阴影处理前后效果图

a—WorldView-2 原始影像；b—WorldView-2 处理后的影像

（六）遥感异常提取

对矿产预测提供重要依据的是矿致蚀变异常的解译和提取，因此我们根据遥感影像的数据特征和区域矿产分布特征有针对性地开展了矿化蚀变信息提取及异常筛选。Aster 数据是新一代的对地观测卫星遥感数据，其波段数据在近红外及热红外波段对光谱进行了进一步细分，具有 14 个波段，分辨率达到 15m，对蚀变信息提取的能力与精度更高。因此主要利用 Aster 遥感数据，采用主成分变换处理方法进行多种遥感异常信息提取。

Aster 多光谱遥感数据现阶段可以识别的矿化蚀变主要为铁染异常、羟基异常（铝羟基异常、镁羟基异常）（图 4-11 和表 4-5）。铁染异常反映地层中富赤铁矿、褐铁矿、针铁矿、黄钾铁矾等含铁离子（Fe^{2+}、Fe^{3+}）的岩石（图 4-12）；羟基异常反映地层中富含高岭石、蒙脱石、明矾石或绢云母、绿泥石、绿帘石等含羟基（OH^-）的岩石，该类矿物一般是围岩蚀变的产物（图4-13），对指导找矿具有意义，其中铝羟基可以区分高岭石、明矾石等矿物而镁羟基可以区分绿泥石、方解石、蛇纹石等矿物。

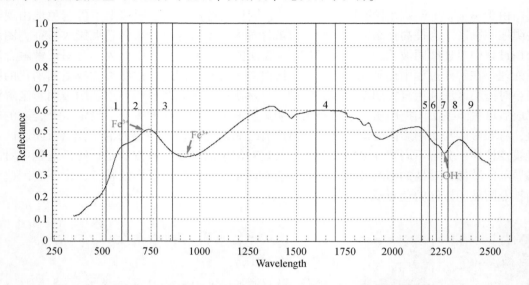

图 4-11　黄钾铁矾波谱曲线与 Aster 波段之间对应关系（波谱数据来源：实测）

Reflectance—波谱反射率；Wavelength—波段

表 4-5　铁染异常、羟基异常、碳酸根异常的重要吸收谱带

离子或基团	特征吸收波谱/μm	对应 Aster 波段	典型矿物
Fe^{2+}、Fe^{3+}	Fe^{2+}：1.1~2.4 之间 Fe^{3+}：吸收较强，0.45、0.55、 0.85、0.90、0.94	Band 1、Band 3	黄铁矿、黄钾铁矾、磁铁矿
Al-OH Mg-OH	Al-OH：2.20 Mg-OH：2.30	Al-OH：Band 5、Band 6 Mg-OH：Band 7、Band 8	高岭石、白云母、蛇纹石
碳酸根离子	1.9、2.0、2.16、2.35、2.55	Band 8、Band 9	方解石

图 4-12　高分辨率遥感影像（WorldView-2）铁染信息提取

图 4-13　高分辨率图像受断裂控制矿体（a）及羟基异常特征（b）

第三节　典型矿物波谱测试与应用

波谱测试的主要目的是通过地表岩石和矿物的波谱测量，根据各种矿物和岩石在电磁波谱上显示不同的诊断性光谱特征，从而识别不同的矿物成分，建立工作区岩石波谱库。经过与卫星遥感波谱数据的对比、匹配及拟合，利用计算机在遥感影像图上进行岩石类型识别与异常信息提取。

由于工作区海拔高，交通及电力条件差，气候恶劣，野外直接进行波谱测试难度较大。因此，仅在室内对采集到的所有岩矿样进行波谱测试。此次研究的岩石样品光谱测试工作均采用了美国 FieldSpec ® Pro FR 便携式分光辐射光谱仪。

通过测试结果找出不同岩石或矿物的吸收波谱区间和反射波谱区间，与 WorldView-2 遥感影像的各波段对应，找出不同矿物或岩石的吸收波段和反射波段，通过不同波段的差值、比值、主成分、分类等方法，将典型岩石或矿物提取出来，实现 WorldView-2 高分辨率遥感影像的典型岩石或矿物的波谱反演。我们对大理岩进行波谱反演，通过波谱测试得到大理岩的波谱曲线（图 4-14），曲线的区间范围是 400～2500μm，但是 WorldView-2 遥感影像的波谱范围是 400～1040μm，所以将波谱曲线的 400～1040μm 之间的范围放大显示（图 4-15），并与 WorldView-2 遥感影像各个波段对应，可见大理岩在 WorldView-2 遥感影像 B4 和 B5 是强反射，而在 B1 和 B8 具有吸收的波谷，用 B4/B1 的运算，增强大理岩的信息，通过一定的阈值将大理岩提取出来（图 4-16）。

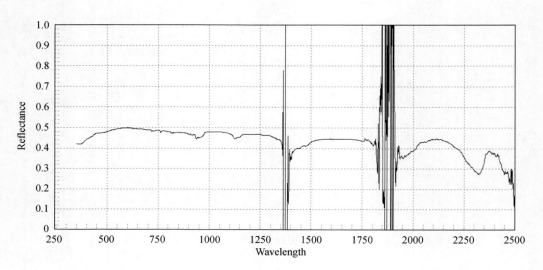

图 4-14　大理岩的波谱曲线图（400 ~ 2500 μm）

Reflectance—波谱反射率；Wavelength—波段

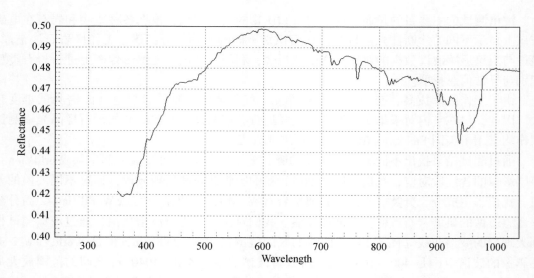

图 4-15　400 ~ 1040 μm 之间的大理岩波谱曲线图

Reflectance—波谱反射率；Wavelength—波段

图 4-16 大理岩波谱反演结果图 （2010 年 WorldView-2 数据）

a—WorldView-2 原始影像；b—WorldView-2 处理后的影像

第五章　塔什库尔干区域矿产遥感解译及靶区优选

塔什库尔干地区遥感解译应用 ETM、Aster、WorldView-2（Ikonos 与 Geoeye-1）等数据，利用多元数据、多波段的特性，充分挖掘遥感数据的地质信息，在适量的野外地质调查工作基础上，编制了调查区的区域构造－岩性遥感解译图和遥感找矿预测图，对塔什库尔干地区的构造进行了厘定，地层单元根据岩性特征进行了进一步的详细分解，圈定了遥感异常和找矿靶区，主要研究范围介于北纬 37°10′00″~37°40′00″，东经 75°15′00″~76°00′00″。下面从区域矿产（典型矿床、找矿模型研建和靶区优选评价）方面介绍该区遥感解译特征。

第一节　区域矿产遥感解译

一、典型矿床研究

新疆西昆仑—喀喇昆仑地区位于青藏高原西北缘和中央造山带的最西段，处于古亚洲构造域和特提斯构造域的结合部位（任纪舜，1999；姜耀辉和周珣若，1999；姜春发等，2000），陆内消减、走滑作用强烈，大地构造位置特殊（姜耀辉等，2000；张传林等，2007），是研究西昆仑—喀喇昆仑地质演化的重要地区，也是具有较大找矿潜力的地区之一。长期以来，由于该区的自然条件恶劣，野外工作难度很大，地质调查研究程度非常低。近年来随着国土资源大调查项目的开展，该区的矿产勘查程度明显提高，相继发现了一系列新的矿床或矿点，取得了找矿勘查的重大突破。在西昆仑塔什库尔干一带发现了包括赞坎、老并、叶里克和莫喀尔等在内的一批大型磁铁矿床（图 5-1），显示该区具有极好的找矿潜力。目前已基本上查明了该区磁铁矿床的空间分布、成矿特征、成因类型和储量等（胡建卫等，2010；陈俊魁等，2011；冯昌荣等，2011；燕长海等，2012；陈登辉等，2013），在此基础上我们对赞坎磁铁矿床开展了典型矿床解剖研究。

（一）赞坎磁铁矿矿区地质

赞坎磁铁矿所处位置见图 5-1，铁矿区出露地层主要为古元古代布伦阔勒岩群（Pt_1B）及南部少量的下志留统温泉沟群（S_1W）（图 5-2）。布伦阔勒岩群为矿区内主要赋矿地层，在区内大面积分布，地层总体呈北西－南东向展布，倾向北东，倾角 48°~70°。西北和东南部被岩浆岩侵入，呈条带状分布。地层根据不同的建造可进一步划分为 5 个岩性段（编号 a~e），其中 a、b 岩性段为矿区主要含矿层位（图 5-2）。a 岩性段主要分布于矿区的南及南西侧，宽 0.79~2.1km，下部与志留系温泉沟群断裂接触，北部与上覆岩性整合接

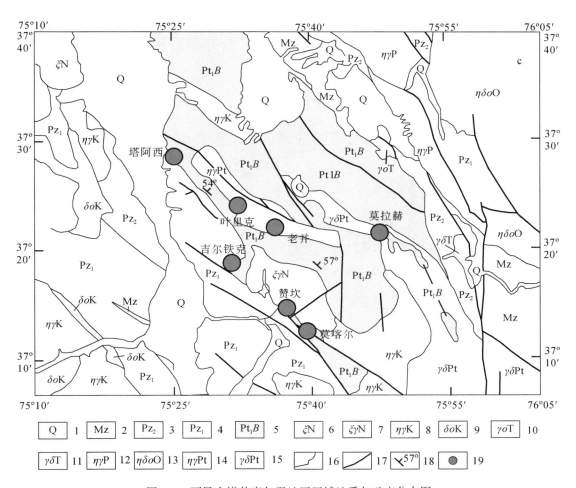

图 5-1　西昆仑塔什库尔干地区区域地质与矿产分布图

1—第四纪沉积物；2—中生代地层；3—晚古生代地层；4—早古生代地层；5—古元古代布伦阔勒岩群；6—新近纪霓辉正长岩；7—新近纪正长花岗岩；8—白垩纪二长花岗岩；9—白垩纪石英闪长岩；10—三叠纪英云闪长岩；11—三叠纪花岗闪长岩；12—二叠纪二长花岗岩；13—奥陶纪石英二长闪长岩；14—元古宙二长花岗岩；15—元古宙花岗闪长岩；16—地质界线；17—断裂；18—地层产状；19—铁矿床

触。根据出露的岩性不同可以分为两部分：下部 a-1 岩段，岩性主要为绿泥石化的角闪斜长片岩夹黑云石英片岩、含石榴子石斜长片岩等；上部 a-2 岩性段，主要为宽 0.17～0.36km 的褐铁矿化、黄钾铁矾化角闪斜长片岩；a 岩性段中已发现 I、II、III、IV、V 号矿（化）体。b 岩性段分布于矿区中部，宽 0.51～1.41km，西侧被喜马拉雅期花岗岩侵入；岩性以黑云石英片岩为主，夹角闪斜长片岩、二云石英片岩和斜长黑云石英片岩等；目前已发现有 II、IX 号矿体位于其中。

矿区断裂构造不发育，仅见位于志留系与古元古界地层界线处的逆冲推覆断裂带 F1（图 5-3），断裂带宽 50～100m，呈北西向延伸，走向 300°～350°，总体约 325°，向北东缓倾，倾角 40°～58°。断裂对矿区磁铁矿未造成破坏。

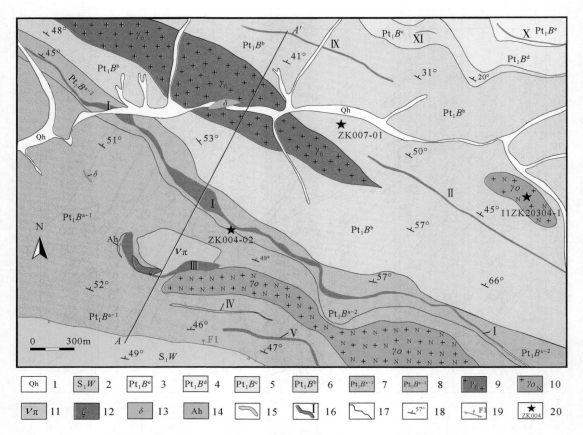

图 5-2　赞坎铁矿床地质图（据新疆维吾尔自治区地质调查院，2012）

1—第四系冲洪积物；2—下志留统温泉沟群；3—古元古代布伦阔勒岩群 e 岩性段：黑云母石英片岩；4—古元古代布伦阔勒岩群 d 岩性段：黑云母角闪斜长片麻岩；5—古元古代布伦阔勒岩群 c 岩性段：褐铁矿化长石石英变粒岩；6—古元古代布伦阔勒岩群 b 岩性段：黑云母石英片岩夹角闪斜长片岩；7—古元古代布伦阔勒岩群 a-2 岩性段：黄钾铁矾化角闪斜长片岩；8—古元古代布伦阔勒岩群 a-1 岩性段：角闪斜长片岩夹黑云母石英片岩；9—喜马拉雅期花岗岩；10—斜长花岗岩；11—英安斑岩；12—英安岩；13—闪长岩；14—石膏；15—磁铁矿化体；16—磁铁矿体及编号；17—地质界线；18—地层产状；19—断层及编号；20—样品采样位置及编号；图5-2中 A—A′即图5-3的剖面线位置

　　矿区内出露的岩浆岩主要为中酸性的喜马拉雅期花岗岩、斜长花岗岩和闪长岩等，多呈北西–南东向带状分布，侵入布伦阔勒岩群，但对矿体未造成大的破坏，仅使地层或矿物产状发生明显的变形作用。矿区内火山岩出露面积很小，主要为英安岩，部分英安斑岩；英安岩呈似层状，局部构成 III 号矿体顶板（图5-2），与矿体呈整合接触关系，说明矿体的形成与火山作用有关。

（二）矿体地质

　　赞坎矿区目前共发现 12 条大致平行的矿带，其中主要矿带 3 条，即 I、II、III 号。矿带地表呈似层状不规则形态展布，矿体产状与顶、底板围岩产状基本一致，走向为北西–南东向。下面主要介绍 I 号主矿带。

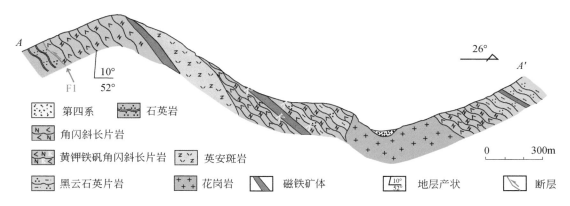

图 5-3　赞坎铁矿赋矿地层剖面图（据新疆维吾尔自治区地质调查院，2012）

1. 矿体特征

I 号主矿带为赞坎矿床内最主要的含磁铁矿带之一。矿带主要分布于矿区的北部，呈一近北西–南东向展布的带状，其中主要矿体两条，编号为 I_1、I_2 号。次要矿体 23 条，编号分别为 $I_3 \sim I_{25}$，主要分布于 I_1、I_2 号矿体深部，以盲矿体产出，呈层状或透镜体状顺层产出，部分位于其底板附近。

I_1 号矿体为矿区规模最大的一条矿体，位于矿区的中部，横穿整个矿区，矿体总体走向为 129°，倾向北东，倾角 26°~70°。矿体沿走向长约 5900m，平均厚度 21.2m，局部厚度达 50m 以上，最厚达 102m，矿体 TFe 平均品位为 28.12%，mFe 品位为 23.58%。矿体顶板岩性均为斜长角闪片岩，底板岩性为黑云角闪片岩局部夹黑云母石英片岩（图 5-4），近矿围岩中均有不同程度的磁铁矿化。矿体形态较简单，总体形态呈层状、似层状展布，与顶底板围岩互层产出，渐变过渡接触，矿体走向、倾向上延伸均稳定，连续性好。矿体局部受次级褶皱构造影响，产状变化较大，与围岩发生同步褶曲。I_1 号矿体在东段具有厚度稍薄、品位降低的趋势；但在西段矿体深部有厚度变大、品位变富的趋势。矿体倾向上在局部变化较大，向深部呈波浪起伏且品位降低的特征。矿体在不同的标高倾角有一定的变化，但总体属相对平缓的矿体（图 5-5）。矿体沿走向分叉现象发育，见有多层的夹石，最大夹石达到近 21.3m，使矿体分叉。

图 5-4　I_1 号矿体地表露头（a）、典型矿石（b）和矿层底板石英片岩（c）露头

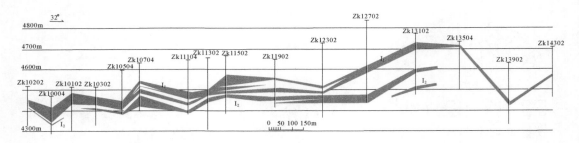

图 5-5　I_1 号矿体纵向钻孔对比图（据新疆维吾尔自治区地质调查院，2012）

2. 矿石类型

赞坎矿区矿石类型较为复杂，按照矿物组合特点可划分为以下几种类型：斜长角闪磁铁矿石、黑云石英磁铁矿石、石英磁铁矿石、角闪石英磁铁矿石、夕卡岩化磁铁矿石。其中以斜长角闪磁铁矿石和黑云石英磁铁矿石最为发育。

斜长角闪磁铁矿石：在赞坎矿区内出露较为广泛，产于斜长角闪片岩内，在 I_1、I_2 号矿体内最为发育，矿石呈深灰绿色，自形–半自形粒状结构，条带状、浸染状构造（图 5-6），主要矿石矿物为磁铁矿，此外还常见到黄铁矿，局部可见黄铜矿（图 5-7a）、

图 5-6　赞坎典型磁铁矿石构造结构及光片显微照片

a—ZK006-2 稠密浸染状矿石（接近块状）；b—磁铁矿及少量黄铁矿；c—11ZK20301 稠密浸染状矿石；d—黄铁矿交代磁铁矿；e—ZK006-01 条带–斑杂状矿石；f—磁铁矿（棕灰）被褐铁矿（蓝灰）、黄铁矿（黄）交代；g—11MKE05 条带状矿石；h—磁铁矿定向分布；i—11ZK20304-2 稀疏浸染状矿石；j—自形黄铁矿和细粒状磁铁矿

磁黄铁矿等。磁铁矿他形粒状结构，条带状、浸染状构造。磁铁矿含量约 30%～80%，呈浸染状或条带状分布于脉石矿物中；黄铁矿含量较低，一般不超过 2%，呈自形–他形粒

状，呈浸染状或脉状分布，有时有少量细粒黄铁矿被包在磁铁矿中，部分被褐铁矿沿边缘交代残余（图 5-7b）。脉石矿物为普通角闪石（图 5-7c）、斜长石及少量的石英、黑云母等。该类型矿石品位 w（TFe）= 25% ~ 75%，w（mFe）= 22% ~ 70%。

黑云石英磁铁矿石：该类矿石在矿区也较为常见，该类矿石在 II、III$_1$、III$_2$、III$_3$ 号矿体中常见，主要产于黑云母石英片岩中，矿石呈深灰–灰黑色，他形粒状结构，条带状、浸染状构造，主要矿石矿物为磁铁矿，磁铁矿含量约为 25% ~ 60%，呈浸染状或条带状分布于脉石矿物中，呈不均匀的定向分布；矿石中另外一种常见金属矿物为黄铁矿，产出特征与斜长角闪磁铁矿石基本相似。脉石矿物为黑云母、石英、斜长石以及少量的绢云母、方解石等。该类型矿石品位 w（TFe）= 22% ~ 45%，w（mFe）= 20% ~ 40%。

石英磁铁矿石：也是矿区内主要的矿石类型之一，主要分布在黑云母石英片岩内，矿石呈黑色–灰黑色，他形粒状结构，条带状、浸染状构造。主要矿石矿物为磁铁矿、黄铁矿，磁铁矿含量约 30% ~ 50%，黄铁矿含量较少，一般约 2% ~ 5%；脉石矿物主要为石英，另含少量的白云母、石膏、方解石、绿泥石（图 5-7d）等。

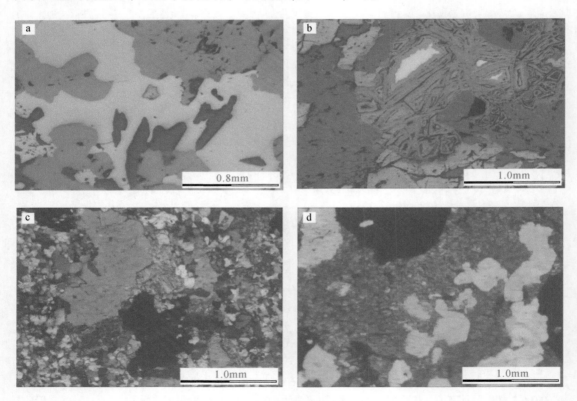

图 5-7　赞坎含磁铁矿岩石中金属矿物和透明矿物显微照片

a—不规则他形黄铁矿晶粒中包含有细粒黄铜矿，光片；b—他形粒状黄铁矿（黄）变褐铁矿化，光片；c—斜更长石斑晶和微晶基质，黑色不透明者为磁铁矿，绿色角闪石，薄片，正交偏光；d—斜绿泥石集合体（黄绿），黑色为磁铁矿，透明者为长英质矿物，薄片，单偏光

（三）围岩蚀变特征

矿区内围岩蚀变普遍较弱，一般常见的蚀变为绿泥石化、绿帘石化、黄铁矿化、透闪石化，但蚀变范围较为有限，主要呈零星、孤立的团块状分布，均为变质作用产物，其与磁铁矿化没有直接的联系。

（四）矿床地球化学特征

我们对赞坎铁矿床主要岩矿石进行了地球化学分析，样品共计 10 件（表5-1、表5-2、表5-3），元素分析均由中国地质调查局西安地质调查中心测试中心检测完成。以矿区条带状、块状磁铁矿及与矿体关系密切的黑云母石英片岩或矿化黑云母石英片岩等为主要分析对象，采用 X 荧光光谱仪和等离子体质谱仪 ICP-MS 对其主量、微量、稀土元素含量进行了测定，并系统分析了不同矿石类型、围岩的地球化学特征。

表 5-1　赞坎铁矿床岩矿石主量元素分析数据

样品号	ZK01	ZK02	ZK03	ZK07	ZK10	ZK04	ZK05	ZK06	ZK08	ZK09
样品名	条带状磁铁矿				块状磁铁矿	黑云石英片岩				
SiO_2/%	2.78	27.26	16.4	44.21	5.51	69.88	60.82	68.4	70.56	64.29
Al_2O_3/%	0.51	4.92	0.76	5.18	0.86	12.9	13.79	12.69	12.87	12.06
Fe_2O_3/%	51.9	42.05	36.2	37.56	62.5	1.62	2.39	2.54	1.23	7.31
FeO/%	20.7	16.74	15.56	1.4	25.1	1.78	2.45	2.09	2.24	3.18
TFe_2O_3/%	74.9	60.65	53.49	39.12	90.39	3.6	5.11	4.86	3.72	10.84
CaO/%	9.95	0.67	14.83	1.65	1.59	1.93	6.24	2.51	2.13	2.21
MgO/%	2.97	0.79	5.49	0.3	0.9	0.83	2.37	0.97	1.35	0.92
K_2O/%	0.15	1.84	0.15	0.12	0.32	6.09	0.48	5.92	1.18	0.39
Na_2O/%	0.14	0.38	0.19	2.83	0.15	2.47	7.69	2.19	6.08	6.42
TiO_2/%	0.02	0.16	0.05	0.18	0.5	0.41	0.42	0.42	0.33	0.35
P_2O_5/%	0.17	0.14	0.15	0.07	0.66	0.11	0.11	0.11	0.08	0.14
MnO/%	0.69	0.25	0.85	0.09	0.17	0.13	0.31	0.13	0.07	0.04
H_2O^+/%	9.75	3.75	8.48	5.8	2.79	1.39	2.88	1.58	1.88	2.68
LOI/%	0.99	1.03	0.35	1.48	0.51	0.59	0.52	0.61	0.68	0.67
SiO_2/Al_2O_3	5.45	5.54	21.58	8.53	6.41	5.42	4.41	5.39	5.48	5.33
K_2O/Na_2O	1.07	4.84	0.79	0.04	2.13	2.47	0.06	2.70	0.19	0.06
$Al_2O_3/(CaO+Na_2O)$	0.05	4.69	0.05	1.16	0.49	2.93	0.99	2.70	1.57	1.40

1. 主量元素地球化学特征

对赞坎铁矿床条带状、块状磁铁矿石及黑云母石英片岩主量元素分析数据如表 5-1 所示。其中条带状磁铁矿全铁（TFe_2O_3）含量变化范围为 39.12%~74.91%，平均 57.04%；SiO_2 含量为 2.78%~44.21%，平均 22.66%；MgO 含量为 0.30%~5.49%，平均 2.39%；TiO_2 含量为 0.02%~0.18%，平均 0.10%；Al_2O_3 含量为 0.51%~5.18%，平均 2.84%。块状磁铁矿全铁（TFe_2O_3）含量为 90.39%；SiO_2 含量为 5.51%；MgO 含量为 0.90%；TiO_2 含量为 0.50%；Al_2O_3 含量为 0.86%。黑云母石英片岩全铁（TFe_2O_3）含量变化范围为 3.6%~10.84%，平均 5.63%；SiO_2 含量为 60.82%~70.56%，平均 66.79%；MgO 含量为 0.83%~2.37%，平均 1.29%；TiO_2 含量为 0.33%~0.42%，平均 0.39%；Al_2O_3 含量为 12.06%~13.79%，平均 12.98%。

以上特征显示，赞坎矿区磁铁矿石主要由 TFe_2O_3 和 SiO_2 组成，其中 SiO_2 含量与 TFe_2O_3 含量呈反消长关系，此外，含有少量的 Al_2O_3、TiO_2，说明其成因为化学沉积，并在沉积过程中有少量的陆源碎屑物质加入，沉积环境较为平静（李志红等，2008；丁文君等，2009）。陈述荣等（1985）认为一般陆源沉积型铁矿石的 $SiO_2/Al_2O_3<5$，而海相火山沉积铁矿石为 7.3~17.0。调查区磁铁矿石 SiO_2/Al_2O_3 变化范围较大，介于 5.45~21.58 之间，平均为 9.50，与海相火山沉积铁矿较为相似。王守伦等（1993）认为陆源沉积型铁矿通常富 Al_2O_3、K_2O，其含量分别为 4.07%、0.6%~1.34%。调查区磁铁矿石 Al_2O_3 变化范围在 0.51%~5.18%，平均值为 2.45%；K_2O 变化在 0.12%~1.84%，平均值为 0.52%，均较低，属于低 Al_2O_3、K_2O 型，也明显区别于陆源沉积型铁矿，少数矿石中 Al_2O、K_2O 含量相对较高，说明矿石形成过程中有陆源碎屑物质加入。

综上所述，矿区不同类型的矿石主量元素特征虽然存在一定的差异，但总体特征较为相似，表明其成矿物质来源相似，造成主量元素特征存在一定差异的原因主要是各种矿石在矿物组合和沉积环境方面有所不同。结合矿石宏观产出特征来看，矿体均赋存于一套中等变质程度的火山–沉积岩系中，成矿物质来源与富铁质的海底火山活动关系密切，而部分磁铁矿石主要发育在含砂质成分较高的地层中，表明成矿过程中有陆源碎屑物质的沉积，这也与矿石主量元素特征所反映的物源信息一致。

2. 微量元素特征

采用等离子体质谱仪 ICP-MS 对不同类型铁矿石和围岩全岩样品的微量元素进行分析，结果如表 5-2 所示，微量元素用原始地幔数据进行标准化，标准化后的微量元素配分蛛网图见图 5-8。从表 5-2 和图 5-8 中可以明显看出微量元素特征和分布型式差异较大，反映出其微量元素来源复杂。微量元素蛛网图（图 5-8）显示不同类型的磁铁矿石曲线变化特征总体趋势一致，具有一致的富集和亏损特征，总体上样品具有 Ba、La、Ce、Nd、Sm 呈正异常，Rb、Th、Nb、Sr、Zr、Hf 呈负异常特征。

沈其韩等（2009，2011）、张士和李国胜（1989）认为 Sr/Ba 值能够反映源区信息，一般认为火山岩的 Sr/Ba 值大于 1，陆源沉积岩的 Sr/Ba 值小于 1。矿区磁铁矿石 Sr/Ba 值介于 0.03~1.32 之间，变化范围较大，说明在矿区铁物质来源方面火山与陆源沉积均起到关键作用。火山沉积变质型铁矿 Cr、Co、Ni 的含量一般高于陆源碎屑，而 Ni/Co 的值一般低于陆源碎屑沉积型铁矿，一般认为陆源沉积铁矿 Ni/Co 为 3.0%~8.0%，而海相火山沉积铁矿为 1.0%~3.6%（沈其韩等，2011）。矿区磁铁矿石 Cr、Co、Ni 含量大部分为 $1.84 \times 10^{-6} \sim 80.7 \times 10^{-6}$，高于陆源沉积型铁矿。Ni/Co 值变化范围较大，介于 0.15~4.69，但大部分值均小于 3%，其特征明显区别于陆源沉积型铁矿，而与火山沉积型铁矿有一定的相似性，反映其海相火山化学沉积成因特征。

表 5-2　赞坎铁矿床岩矿石微量元素分析结果

样品编号	ZK01	ZK02	ZK03	ZK07	ZK10	ZK04	ZK05	ZK06	ZK08	ZK09
岩性	条带状磁铁矿	条带状磁铁矿	条带状磁铁矿	条带状磁铁矿	块状磁铁矿	黑云石英片岩	黑云石英片岩	黑云石英片岩	黑云石英片岩	黑云石英片岩
$Cr/10^{-6}$	3.35	6.49	9.81	18.6	7.48	5.14	5.09	5.11	7.85	9.03
$Ni/10^{-6}$	53.9	4.78	26.6	9.91	66.4	2.86	2.96	2.47	3.26	4.22
$Co/10^{-6}$	12.6	1.84	5.67	67.0	80.7	3.78	6.30	4.19	2.05	6.06
$Li/10^{-6}$	1.54	5.80	2.04	1.20	—	12.9	4.23	12.6	2.75	3.24
$Rb/10^{-6}$	6.68	32.8	3.09	2.24	9.44	123	9.37	123	25.2	8.36
$Sr/10^{-6}$	77.1	1180	82.1	84.2	12.4	73.7	143	89.6	38.8	55.7
$Ba/10^{-6}$	2700	89000	188	63.9	274	765	226	1190	4970	164
$V/10^{-6}$	93.9	63.4	84.1	55.1	6500	27.1	17.6	25.8	70.0	164
$Sc/10^{-6}$	0.53	3.96	1.41	3.40	0.79	13.0	14.6	14.9	11.7	15.0
$Nb/10^{-6}$	0.67	3.70	0.78	1.04	1.46	5.91	8.49	5.86	4.47	3.96
$Ta/10^{-6}$	0.24	0.32	0.12	0.15	0.16	0.54	0.68	0.50	0.53	0.42
$Zr/10^{-6}$	5.00	41.8	7.89	62.3	22.9	132	139	133	130	139
$Hf/10^{-6}$	0.20	1.03	0.12	1.50	0.63	3.65	3.80	3.63	3.48	3.90
$Be/10^{-6}$	0.09	1.00	0.17	0.58	1.21	1.51	2.32	1.71	0.97	0.86
$Ga/10^{-6}$	14.0	8.18	11.0	8.58	48.7	15.9	14.4	15.6	16.3	18.8
$Th/10^{-6}$	1.59	2.94	0.14	3.71	3.91	4.89	2.19	4.18	8.07	9.02
Sr/Ba	0.03	0.01	0.44	1.32	0.05	0.10	0.63	0.08	0.08	0.34
Ni/Co	4.28	2.60	4.69	0.15	0.82	0.76	0.47	0.59	1.59	0.70

上述磁铁矿石微量元素特征表明：铁矿的形成与海相火山作用关系密切，成矿物质主要来源于海底火山活动，但成矿过程中有相当数量的陆源碎屑物质加入。这主要是由于在火山活动中心部位，伴随强烈的火山活动，形成了酸性、氧逸度较低的水体环境，这样的环境不利于铁质的沉淀，而随着海底洋流上升到盆地边缘，氧化作用加强，Fe^{2+} 氧化成 Fe^{3+}，从而大量沉积形成原始的磁铁矿层。而在盆地的边缘陆源碎屑物质开始沉积，以化学沉积及含铁泥质岩类沉积为主，同时进一步改变了沉积环境，有利于铁质的沉淀，形成规模较大、品位较低、含矿岩石粒度较均匀的磁铁矿体（层）。

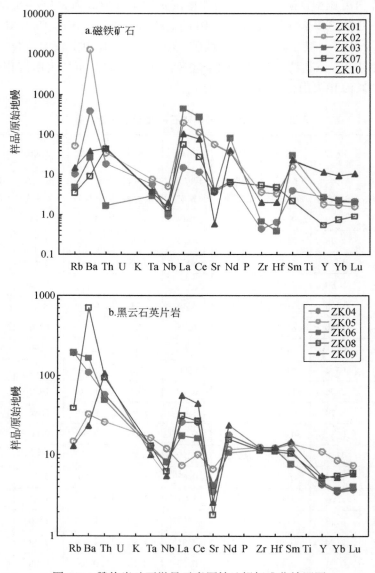

图 5-8　赞坎岩矿石微量元素原始地幔标准化蛛网图

3. 稀土元素特征

稀土元素分析结果见表 5-3，特征值经 PAAS（Post Archean Australian Shale，后太古宙澳大利亚页岩）标准化。调查区磁铁矿稀土元素总量较高，ΣREE 的变化范围为 $52.07 \times 10^{-6} \sim 1000.09 \times 10^{-6}$，平均值 397.02×10^{-6}，w（LREE）/w（HREE）在 $6.02 \sim 62.90$ 之间，$(La/Yb)_N$ 在 $6.97 \sim 203.13$ 之间；稀土元素配分曲线总体为右倾型（图 5-9），相对富集轻稀土，无明显铈异常，$\delta Ce = 1.03 \sim 1.07$；条带状磁铁矿具有明显的铕正异常，$\delta Eu = 1.36 \sim 4.92$，而块状磁铁矿具有明显的铕负异常，$\delta Eu = 0.37$。另由调查区不同类型矿石

及围岩稀土元素配分曲线（图5-9a、b、c）可以看出，调查区内条带状磁铁矿与块状磁铁矿和黑云母石英片岩稀土元素配分曲线存在较大差异。

表5-3　赞坎铁矿床岩矿石稀土元素分析结果表

样品编号	ZK01	ZK02	ZK03	ZK07	ZK10	ZK04	ZK05	ZK06	ZK08	ZK09
岩性	条带状磁铁矿	条带状磁铁矿	条带状磁铁矿	条带状磁铁矿	块状磁铁矿	黑云石英片岩	黑云石英片岩	黑云石英片岩	黑云石英片岩	黑云石英片岩
La/10^{-6}	10.40	136.00	320.00	38.90	72.70	17.70	5.09	12.00	21.50	38.20
Ce/10^{-6}	20.90	204.00	493.00	49.10	139.00	46.50	18.10	29.40	47.70	79.60
Pr/10^{-6}	2.25	17.40	40.00	3.48	15.10	6.07	3.11	3.78	5.72	9.38
Nd/10^{-6}	8.09	49.60	112.00	9.43	54.90	24.30	16.00	14.80	21.30	32.20
Sm/10^{-6}	1.75	6.85	13.50	0.99	10.70	5.02	6.12	3.45	4.71	6.54
Eu/10^{-6}	1.26	8.40	5.94	0.41	1.27	1.53	3.79	1.27	0.95	1.40
Gd/10^{-6}	2.01	3.98	7.97	0.86	10.50	4.37	8.05	3.29	4.30	5.34
Tb/10^{-6}	0.29	0.48	0.90	0.099	1.55	0.61	1.33	0.50	0.62	0.74
Dy/10^{-6}	2.07	1.98	3.25	0.52	9.02	3.74	9.41	3.29	4.20	4.58
Ho/10^{-6}	0.45	0.32	0.51	0.12	2.20	0.72	1.99	0.82	0.94	0.94
Er/10^{-6}	1.21	1.04	1.56	0.32	5.13	2.05	5.60	2.01	2.77	2.86
Tm/10^{-6}	0.16	0.13	0.17	0.065	0.78	0.28	0.81	0.33	0.46	0.44
Yb/10^{-6}	1.07	0.87	1.13	0.37	4.75	1.74	4.29	1.81	2.82	2.62
Lu/10^{-6}	0.16	0.12	0.16	0.07	0.81	0.28	0.55	0.30	0.46	0.44
Y/10^{-6}	12.60	8.36	12.50	2.58	53.30	19.90	50.50	21.00	23.60	25.20
ΣREE/10^{-6}	52.07	431.17	1000.09	104.734	328.41	114.91	84.24	77.05	118.45	185.28
LREE/10^{-6}	44.65	422.25	984.44	102.31	293.67	101.12	52.21	64.7	101.88	167.32
HREE/10^{-6}	7.42	8.92	15.65	2.424	34.74	13.79	32.03	12.35	16.57	17.96
LREE/HREE	6.02	47.34	62.90	42.21	8.45	7.33	1.63	5.24	6.15	9.32
(La/Yb)$_N$	6.97	112.13	203.13	75.41	10.98	7.30	0.85	4.76	5.47	10.46
δEu	2.05	4.92	1.75	1.36	0.37	1.00	1.65	1.15	0.65	0.72
δCe	1.06	1.03	1.07	1.03	1.03	1.10	1.12	1.07	1.05	1.03

注：球粒陨石标准化据 Sun and McDonough，1989。

上述磁铁矿石稀土元素特征差异较大，说明其形成机制和形成环境上存在一定的差异：磁铁矿石稀土元素含量较高，明显富集轻稀土，结合其野外产状特征，这类矿石主要产于角闪质岩石中，同时其形成过程中有较多的陆源碎屑物质加入，且以壳源长英质物质为主，由于上地壳岩石具有贫Eu、富集LREE、重稀土的分馏作用不明显以及稀土元素含量较高的特征，因此在磁铁矿石形成过程中，上地壳陆源碎屑物质的加入，必然导致矿石稀土元素特征呈现轻稀土富集，曲线向右倾斜。此外，由于致密块状的磁铁矿石形成于弱

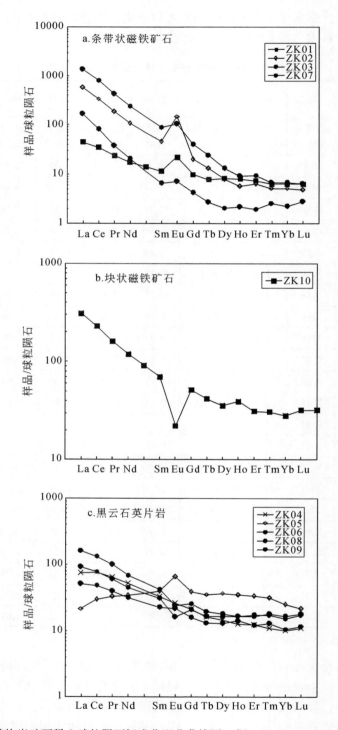

图 5-9　赞坎岩矿石稀土球粒陨石标准化配分曲线图（据 Sun and McDonough，1989）

碱性、氧化条件，该条件下 Eu^{2+} 被氧化成 Eu^{3+}，引起海水中 Eu 富集，而沉积物中 Eu 就会亏损（徐晓春等，2009），因此品位较富的块状磁铁矿石中出现强烈的铕负异常。

4. 稳定同位素地球化学

赞坎铁矿普遍发育磁铁矿与黄铁矿共生现象，本次测试了赞坎矿区不同类型磁铁矿氧同位素和不同类型黄铁矿硫同位素，对磁铁矿成因进行了初步分析。稳定同位素检测分析均由核工业北京地质研究院测试中心完成。

1）氧同位素特征

由表 5-4 可以看出不同类型的赞坎铁矿矿石中磁铁矿的氧同位素（$\delta^{18}O_{V\text{-}SNOW}$）均为正值，分布范围在 0.3‰～2.8‰ 之间，与孟旭阳等（2014）研究的沉积变质型铁矿较低的氧同位素特征极为相似，总体上反映出其具有原生沉积成因后经变质的特点。

表 5-4 赞坎矿区磁铁矿氧同位素分析结果表

序号	样号	岩性	测试矿物	$\delta^{34}O_{V\text{-}SMOW}$/‰	$\delta^{34}O_{V\text{-}PDB}$/‰
1	ZK006-02	块状磁铁矿	磁铁矿	1.5	−28.5
2	ZK003-01	稠密浸染状磁铁矿	磁铁矿	1.4	−28.6
3	ZK003-02	浸染状含黄铁矿磁铁矿	磁铁矿	0.3	−29.7
4	ZK004-04	低品位磁铁矿	磁铁矿	2.8	−27.2

2）硫同位素特征

由表 5-5 可以看出不同类型赞坎铁矿矿石中黄铁矿硫同位素均为较大的正值，$\delta^{34}S$ 变化范围为 18.6‰～28.5‰，明显富集重硫，显著区别于岩浆硫，显示了海水硫酸盐还原特征，初步判断磁铁矿形成于海相沉积环境，具备前寒武纪条带状（BIF）铁矿阿尔戈马型的特征。

表 5-5 赞坎矿区黄铁矿硫同位素分析结果表

序号	样号	岩性	测试矿物	$\delta^{34}S_{V\text{-}CDT}$/‰
1	ZK006-02	块状磁铁矿	黄铁矿	18.6
2	ZK003-03	斑杂状含黄铁矿磁铁矿	黄铁矿	28.5
3	ZK004-04	低品位磁铁矿	黄铁矿	24.9

综合以上赞坎矿区同位素特征分析，说明磁铁矿主要为原生沉积形成，铁质主要来源于海底火山活动，经化学沉积作用形成磁铁矿，而不是由菱铁矿或赤铁矿经变质作用形成。

（五）矿床成因

通过以上对赞坎矿区岩矿石主量元素、微量元素、稀土元素和稳定同位素特征组成的综合分析，结合该矿床的典型地质特征来看，赞坎铁矿赋矿岩系以斜长角闪片岩、黑云石英片岩等为主，铁矿物主要来源于海底火山活动，以化学沉积形成的原生磁铁矿为主，而不是由其他的铁矿物经变质作用形成，并与黄铁矿同生，矿床成因类型为沉积型磁铁矿矿床，后期受到一定的区域变质作用的叠加改造。

（六）成矿时代

近年，虽然在西昆仑塔什库尔干发现了一系列的铁矿床（点），但关于铁矿床的形成时代还存在很大分歧，究其原因，主要是目前沉积变质型铁矿床的成矿时代不能直接通过对矿石中的锆石进行 U-Pb 定年测试确定，多数是通过对与之成因密切联系的赋矿地层进行年代学研究来确定铁矿床的成矿时代。对于赞坎邻区的老并铁矿床，陈曹军等（2011）和燕长海等（2012）通过对布伦阔勒岩群含铁岩系中锆石的 LA-ICP-MS U-Pb 测年，获得数据主要集中于 510 ~ 540Ma，且时代为 530Ma 左右的锆石大量出现，从而初步认为老并铁矿区含铁岩系的形成时代不会早于 510Ma，应属早古生代地层，这与全球性的沉积变质型铁矿成矿时代集中于新太古代晚期和古元古代早期（Zhai and Windley，1990；Zhang et al.，2012；张连昌等，2012；相鹏等，2012）有一定的差异，因此老并铁矿区含铁岩系的形成时代在区域上是否具有代表性，其他铁矿区与其是否一致都存在疑问。而且在含矿地层及侵入的岩浆岩年代学研究方面，区内相应地质体的同位素测年数据很少，一直缺乏可靠的高精度同位素年代学数据。针对上述问题，我们通过对塔什库尔干陆块的赞坎铁矿区布伦阔勒岩群及侵入地层的岩浆岩进行精细的岩相学和 SHRIMP 年代学研究，确定赋矿地层的形成时代，进而探讨该矿床的形成时代。

1. 样品特征

共采取了 3 个样品开展赋矿地层的年代学研究，它们均与磁铁矿体在岩性上和空间上密切相关，分别是 1 件斜长角闪片岩、1 件英安岩和 1 件斜长花岗斑岩样品。

ZK004-02 样品采样位置：北纬 37°14′40″，东经 75°37′56″，海拔 4596m，岩性为含磁铁夕卡岩化斜长角闪片岩（图 5-10a），是 I 矿体的底板围岩，属于布伦阔勒岩群 a-2 岩性段（图 5-2）。斜长角闪片岩经花岗斑岩的强烈混染，原岩残留很少，但可见褪色化的普通角闪石，除混染外，岩石还遭受一定程度的夕卡岩化，并有岩浆期后热液蚀变产物。主要矿物组成为：普通角闪石（约 12%）不完整柱状晶（图 5-10b），大部分褪色化并析出钛铁质（微晶板条粒状）重结晶形成榍石（0.5%），粒度 0.1mm×0.2mm ~ 0.8mm×1.0mm，部分角闪石因受接触交代作用而被透辉石、绿泥石或绿帘石交代；斜长石（22%），斜长角闪片岩残留的部分呈半自形板粒状（图 5-10b），轻度绢云母化，粒度 0.05mm×0.1mm ~ 0.1mm×0.3mm；另为混染花岗斑岩中斜长石，矿物新鲜、聚片双晶发育，自形–半自形板状，粒度 0.1mm×0.6mm ~ 0.3mm×0.6mm；石英（24%）和钾长石（25%）均为他形粒状微晶，组成了花岗斑岩的基质物，石英粒度 0.05 ~ 0.3mm；另有少量受期后热液蚀变产生的不等粒状细晶方解石（3%）。该样品还发现少量磁铁矿（0.5%），呈他形、半自形粒状，填隙状或单颗粒状与角闪石伴生，粒度 0.05 ~ 0.3mm（图 5-10b）。

ZK007-01 样品的采样位置：北纬 37°15′0.6″，东经 75°38′30″，海拔 4377m，岩性为硅化英安岩（图 5-10c），应为侵入布伦阔勒岩群 b 岩性段的火山岩，位于北西–南东向喜马拉雅期花岗岩体的北侧（图 5-2）。硅化英安岩为微定向构造，斑状结构，基质为显微粒状结构。岩石中斑晶矿物主要由斜长石（22%）组成，其次为石英（12%），斜长石斑晶形状呈板状或粒状（图5-10d），粒径大小一般在0.4~1.5mm之间，常呈聚斑出现；石英斑晶多呈溶蚀状，粒径大小一般在0.6~5.0mm之间。基质由细小斜长石与石英组成（二者总和超过基质的60%）。由于岩石受到硅化作用，岩石中常出现次生的石英晶体，并且基质中的长石晶体也常被石英交代，还出现少量次生的黑云母（图5-10d）。

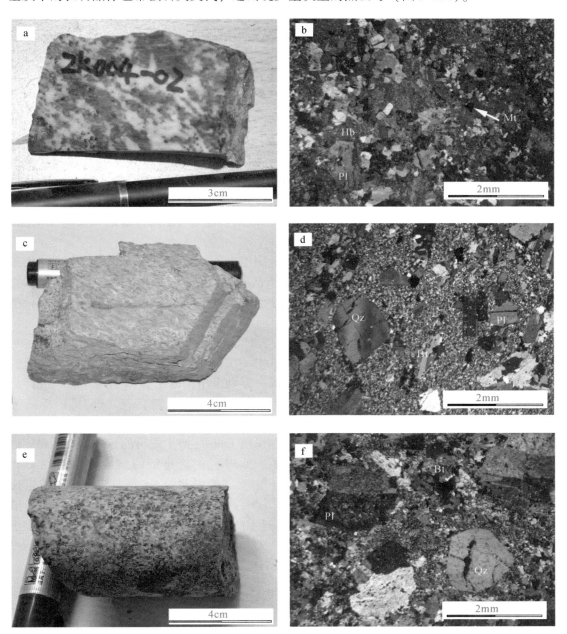

图5-10 赞坎铁矿所采样品手标本及薄片显微镜下照片

Qz—石英；Bt—黑云母；Pl—斜长石；Hb—普通角闪石；Mt—磁铁矿

11ZK20304-1 样品采自 20304 号钻孔，为岩心样，孔口坐标为：北纬 37°14′43.62″，东经 75°39′18.73″，海拔 4478.9m，采样深度 193～194m，岩性为次斜长花岗斑岩（图 5-10e），为 II 号矿体顶板的围岩，处于侵入布伦阔勒岩群 b 岩性段的斜长花岗岩体中。次斜长花岗斑岩为块状构造，斑状结构，基质为变余显微粒状结构。岩石中斑晶矿物主要由斜长石（50%）组成，其次为石英（10%）和少量黑云母（<2%）。斜长石斑晶晶体形态多呈板状或粒状（图 5-10f），粒径大小 0.5～4.0mm，大小不等但连续变化呈连续不等粒结构，常呈聚斑出现，晶体有自碎现象；石英斑晶多呈溶蚀状，粒径大小 0.5～2.4mm，也呈聚斑出现；黑云母斑晶较为细小，一般 <1mm。基质由斜长石、石英、少量黑云母组成，呈显微粒状结构，但结构不很均一。该样品的上述特征表明岩石具次火山岩特征。

2. 锆石 U-Pb 同位素定年

1）分析方法

在目前所有的锆石微区原位测试技术中，离子探针（sensitive high resolution ion microprobe，SHRIMP）的灵敏度、空间分辨率最高（对 U、Th 含量较高的锆石测年，束斑直径可达到 8μm），而且对样品破坏小（束斑直径 10～50μm，剥蚀深度 <5μm）（Davis et al.，2003；Ireland and Williams，2003），需要的待测锆石数量相对较少，是当前最先进、精确度最高的微区原位测年方法。因此，本次锆石的 U-Pb 同位素定年采用 SHRIMP 方法进行。

采集的样品一般重量为 3kg，除切片和少量用于岩石地球化学分析外，其余全部用于挑选锆石，碎样和锆石挑选由廊坊区域地质调查队完成。所选锆石未进一步筛选，全部置于环氧树脂中，待固结后抛磨至锆石粒径的大约 1/2，使锆石内部充分暴露，然后进行锆石的光学、CL 显微图像及 SHRIMP 分析。

锆石定年在北京离子探针中心 SHRIMP II 上完成。详细的分析流程与文献的描述与 Williams（1998）和宋彪等（2002）类似。测试中一次离子流强度为约 5nA，一次离子流束斑直径为约 30μm。测年前的清洗时间为 120s。分别采用标准锆石 TEM 和 M257 进行元素间的分馏校正及 U 含量标定；其中 TEM 具有 U-Pb 谐和年龄，其 $^{206}Pb/^{238}U$ 年龄为 417Ma，用于标定待测样品的年龄；M257 的年龄为 561.3Ma，U=840×10^{-6}，用于标定 U/Pb 值。原始数据的处理和锆石 U-Pb 谐和图的绘制采用 Ludwig 博士编写的 Squid 和 Isoplot 程序（Ludwig，2001）。普通铅校正根据实测的 ^{204}Pb 进行，普通铅的组成根据 Stacey 和 Kranmers（1975）给出的模式计算得到。表 5-6 中，年龄误差为 1σ 绝对误差，同位素比值误差为 1σ 相对误差；本书中所使用的 $^{207}Pb/^{206}Pb$ 年龄或 $^{206}Pb/^{238}U$ 年龄加权平均值和谐和年龄计算值具 95% 的置信度（2σ），对于超过 1000Ma 的采用 $^{207}Pb/^{206}Pb$ 年龄值，小于 1000Ma 的采用 $^{206}Pb/^{238}U$ 年龄值。测试过程中，TEM 和未知锆石测定比例为 1：4～1：3 并采用 5 组扫描。

2）分析结果

①斜长角闪片岩（ZK004-02）

斜长角闪片岩中挑选出来的锆石数量较少，用于测试的锆石大多呈自形程度较高的浅黄色–无色透明的短柱状，个别长柱状或浑圆状，晶棱钝化具圆化外形，柱状晶体长宽比约为 2：1，锆石粒度多在 100～200μm（图 5-11）。锆石阴极发光 CL 图像（由北京离子探针中心扫描电镜实验室完成）显示，锆石形态多数不完整，但晶形完好，锆石整体发光性较好，均具有明显的核-边结构特征，后期变质增生边的阴极发光明显强于核部的（简平等，2001；刘建辉等，2011），锆石核部残留有继承锆石，部分继承锆石显示比较清晰的振荡环带结构。通过上述特征认为该样品的锆石均为典型的变质锆石，其核部因环带清晰具岩浆成因结构特点（图 5-11）。

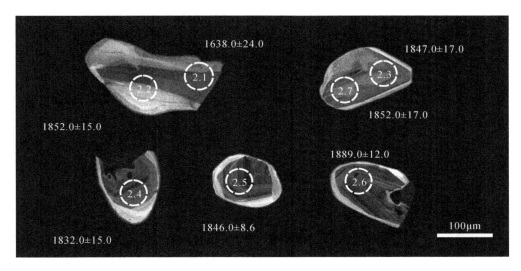

图 5-11　斜长角闪片岩样品的锆石阴极发光图像和年龄值（单位：Ma；乔耿彪等，2015b）

斜长角闪片岩中锆石的测试选点多为核部具明显岩浆环带的部位，其变质边由于过于狭窄而无法测试。核部继承锆石的 w（Th）含量变化范围为 $95×10^{-6} ～ 298×10^{-6}$，w（U）含量变化范围为 $181×10^{-6} ～ 697×10^{-6}$，$w$（Th）/$w$（U）变化范围为 $0.36 ～ 0.62$。总体上锆石的 Th、U 含量较高，w（Th）/w（U）值除一个点（表 5-6）外均大于 0.40，也说明核部继承锆石的岩浆成因特点（Belousova et al.，2002；Hoskin and Schaltegger，2003；Griffin et al.，2004）。

对样品中挑出的 5 粒锆石共进行了 7 次测试，对锆石的 U-Pb 分析数据进行处理后，剔除了谐和度较差的测点，共得到有效数据 5 组（表 5-6），大部分数据点均位于谐和图上的谐和曲线附近（图 5-12）。这 5 组分析点具有较集中的 $^{207}Pb/^{206}Pb$ 年龄值，介于 $1832.0±15.0Ma ～ 1852.0±17.0Ma$ 之间（图 5-11、表 5-6），其 $^{207}Pb/^{206}Pb$ 加权平均年龄值为 $1845.0±11.0Ma$，对应的 MSWD=0.28（图 6-19）。

②硅化英安岩（ZK007-01）

硅化英安岩中挑选出来的锆石数量较多，用于测试的锆石大多呈自形程度较高的浅黄色长柱状，个别短柱状，锆石粒度多在 $100 ～ 200μm$（图 5-13）。锆石 CL 图像显示，锆石形态完整，晶形完好，晶棱锋锐、清晰，整体发光性较好。锆石多数为单一成因，具有振荡环带特征，少数为具有明显核-边结构的多成因锆石（图 5-13）。

表 5-6　样品的锆石 SHRIMP U-Pb 同位素测试结果（乔耿彪等，2015b）

测点	206Pbc/%	U/10⁻⁶	Th/10⁻⁶	$^{232}Th/^{238}U$	206Pb*/10⁻⁶	207Pb*/206Pb*	207Pb*/235U	206Pb*/238U	误差相关系数	206Pb/238U 年龄及误差/Ma	207Pb/206Pb 年龄及误差/Ma	不谐和度/%
ZK004-02 斜长角闪片岩												
ZK004-02.1	0.27	212	103	0.50	37.5	0.1008±1.3	2.859±2.1	0.2058±1.7	0.785	1206±18	1638±24	26
ZK004-02.2	0.14	186	99	0.55	54.9	0.11322±0.81	5.354±1.8	0.343±1.6	0.895	1901±27	1852±15	-3
ZK004-02.3	0.12	181	95	0.54	51.9	0.1129±0.92	5.176±1.9	0.3325±1.6	0.873	1850±26	1847±17	0
ZK004-02.4	0.08	533	187	0.36	143	0.11202±0.82	4.826±1.8	0.3124±1.6	0.894	1753±25	1832±15	4
ZK004-02.5	0.02	697	298	0.44	189	0.11284±0.48	4.917±1.6	0.316±1.5	0.955	1770±24	1846±8.6	4
ZK004-02.6	0.04	342	150	0.45	95.8	0.11556±0.64	5.186±1.7	0.3255±1.6	0.926	1817±25	1889±12	4
ZK004-02.7	0.08	194	116	0.62	55.5	0.1132±0.91	5.185±1.9	0.3321±1.6	0.873	1849±26	1852±17	0
ZK007-01 硅化英安岩												
ZK007-01.1	0.11	198	213	1.11	24.5	0.0692±1.7	1.375±2.5	0.1441±1.8	0.736	868±15	905±35	4
ZK007-01.2	0.51	168	99	0.60	24.8	0.0717±2.5	1.685±3	0.1705±1.7	0.558	1015±16	977±51	-4
ZK007-01.3	0.54	114	54	0.49	8.58	0.0574±3.6	0.693±4.1	0.0875±1.9	0.466	540.9±9.9	508±79	-6
ZK007-01.4	0.51	134	67	0.51	10.2	0.0554±4.2	0.674±4.6	0.0882±1.8	0.398	545.1±9.6	427±94	-28
ZK007-01.5	0.54	141	71	0.52	12	0.0566±4.5	0.768±4.8	0.0984±1.8	0.371	605±10	477±99	-27
ZK007-01.6	0.01	214	142	0.69	93.4	0.2294±0.45	16.07±1.8	0.5081±1.8	0.968	2648±38	3048±7.3	13
ZK007-01.7	0.22	534	527	1.02	39.9	0.05824±1.5	0.696±2.2	0.0867±1.6	0.712	536±8.1	539±34	1
ZK007-01.8	0.63	107	37	0.36	7.62	0.0533±5.6	0.606±5.9	0.0824±1.9	0.323	510.7±9.4	342±130	-49
ZK007-01.9	—	277	249	0.93	21.2	0.061±1.8	0.749±2.4	0.089±1.6	0.674	549.7±8.6	639±38	14
ZK007-01.10	0.29	194	49	0.26	17.1	0.0601±2.4	0.846±3	0.1021±1.7	0.567	626.9±10.0	608±53	-3
ZK007-01.11	0.02	748	154	0.21	308	0.2303±0.47	15.2±1.6	0.4789±1.5	0.957	2522±32	3054±7.5	17
ZK007-01.12	0.08	474	74	0.16	149	0.12524±0.54	6.31±1.7	0.3656±1.6	0.945	2008±27	2032±9.6	1
ZK007-01.13	0.04	2182	777	0.37	175	0.0583±0.68	0.749±1.7	0.0932±1.5	0.912	574.4±8.3	541±15	-6

续表

测点	206Pbc /%	U/10^-6	Th/10^-6	232Th/238U	206Pb* /10^-6	207Pb*/206Pb*	207Pb*/235U	206Pb*/238U	误差相关系数	206Pb/238U 年龄及误差 /Ma	207Pb/206Pb 年龄及误差 /Ma	不谐和度 /%
ZK007-01.14	0.25	132	93	0.73	10.1	0.0597±3	0.731±3.5	0.0889±1.8	0.505	549±9.3	591±65	7
ZK007-01.15	0.44	138	71	0.53	10.5	0.0586±2.9	0.712±3.4	0.0882±1.8	0.524	544.6±9.4	551±64	1
11ZK20304-1 斜长花岗斑岩												
11ZK20304-1.1	0.50	171	122	0.74	13.5	0.0544±3.9	0.687±4.2	0.0915±1.7	0.404	564.6±9.3	387±87	-46
11ZK20304-1.2	0.54	82	40	0.51	6.11	0.0569±5.5	0.681±5.8	0.0868±1.9	0.325	536.3±9.8	488±120	-10
11ZK20304-1.3	0.26	396	440	1.15	30.2	0.0575±1.9	0.702±2.5	0.0886±1.6	0.638	547.3±8.3	510±42	-7
11ZK20304-1.4	—	133	76	0.59	10.2	0.0606±2.6	0.744±3.5	0.0891±2.3	0.653	550±12	624±57	12
11ZK20304-1.5	0.38	314	258	0.85	23.4	0.0551±2.5	0.657±2.9	0.0864±1.6	0.549	534.2±8.3	417±55	-28
11ZK20304-1.6	0.22	126	58	0.47	9.74	0.0582±5.4	0.719±5.7	0.0896±1.8	0.312	553.2±9.4	536±120	-3
11ZK20304-1.7	0.19	344	340	1.02	26	0.0581±1.7	0.705±2.3	0.0881±1.6	0.688	544±8.3	534±37	-2
11ZK20304-1.8	0.15	334	323	1.00	24.9	0.05841±1.6	0.7±2.3	0.0869±1.6	0.697	536.9±8.3	545±36	2
11ZK20304-1.9	—	155	97	0.65	12.1	0.0586±3	0.734±3.4	0.0909±1.7	0.502	560.8±9.2	551±65	-2
11ZK20304-1.10	0.86	129	63	0.50	9.95	0.0502±6.2	0.616±6.5	0.0891±1.8	0.276	550.3±9.4	203±140	-171
11ZK20304-1.11	0.43	103	44	0.44	7.78	0.0582±5.8	0.703±6.1	0.0876±1.8	0.301	541.4±9.6	538±130	-1
11ZK20304-1.12	—	301	218	0.75	22.3	0.0612±2	0.729±2.6	0.0864±1.6	0.633	534.3±8.3	647±43	17
11ZK20304-1.13	0.39	126	62	0.51	9.45	0.0606±4.6	0.729±5	0.0872±1.8	0.369	538.9±9.5	626±99	14
11ZK20304-1.14	0.05	1158	154	0.14	137	0.07117±0.73	1.35±1.7	0.1376±1.5	0.902	831±12	962±15	14
11ZK20304-1.15	0.13	343	274	0.83	28.6	0.05998±1.5	0.801±2.2	0.0969±1.6	0.720	596±9.1	603±33	1
11ZK20304-1.16	0.06	374	272	0.75	45.7	0.06455±1.2	1.265±2	0.1421±1.6	0.793	857±13	760±26	-13
11ZK20304-1.17	0.32	315	100	0.33	23.8	0.0564±2.7	0.679±3.1	0.0874±1.6	0.518	540.2±8.4	467±59	-16
11ZK20304-1.18	0.04	1255	707	0.58	114	0.06078±0.98	0.886±1.8	0.1058±1.5	0.842	648±9.4	631±21	-3

注：Pbc 为普通铅的206Pb 占全部206Pb 的百分比，Pb* 代表放射成因铅，"—"表示低于检测线，校正待测样品和标准样品的误差在 0.33%（1σ），普通铅校正采用实测的204Pb。

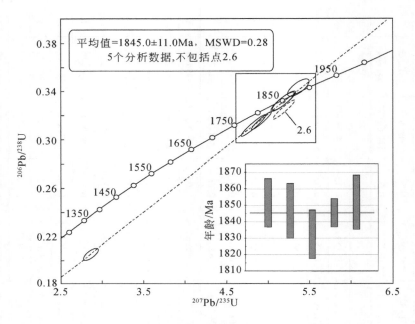

图 5-12   斜长角闪片岩样品的锆石 U-Pb 谐和图

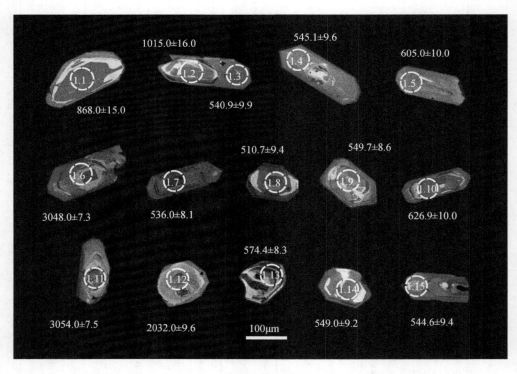

图 5-13   硅化英安岩样品锆石阴极发光图像和年龄值（单位：Ma）

对硅化英安岩样品中挑出的 14 粒锆石共进行了 15 次测试，测试选点一部分为核部，一部分为环带发育的边部，对其中一个锆石的核部和边部均进行了测试（图 5-13）。锆石的 w（Th）含量范围主要为 $37\times10^{-6}\sim527\times10^{-6}$，个别甚至达 777×10^{-6}，变化波动范围较大；w（U）含量变化范围为 $107\times10^{-6}\sim534\times10^{-6}$，个别高达 2182×10^{-6}；w（Th）/w（U）变化范围为 $0.16\sim1.11$。

对硅化英安岩样品中的锆石进行了 15 次 U-Pb 分析测试，对年龄数据进行处理后，发现年龄信息较为丰富，分布范围较广。测年数据包含 $3048.0\sim3054.0$Ma、2032.0Ma、1015.0Ma、$605.0\sim868.0$Ma 和 $536.0\sim574.4$Ma 共 5 类测试结果，其中除了第 1 类数据由于普通铅含量较少，偏离了谐和线，其他 3 类数据均落在谐和线上（图 5-14）。谐和度较好的 6 组分析点具有较集中的 ^{206}Pb/^{238}U 年龄值，介于 536.0 ± 8.1Ma $\sim549.0\pm9.2$Ma（图 5-14、表 5-6），其 ^{206}Pb/^{238}U 加权平均年龄值为 544.0 ± 7.2Ma，对应的 MSWD$=0.37$（图 5-14）。

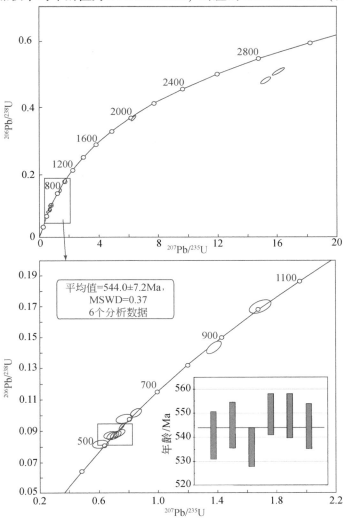

图 5-14　硅化英安岩样品的锆石 U-Pb 谐和图

③次斜长花岗斑岩（11ZK20304-1）

次斜长花岗斑岩中挑选出来的锆石数量较多，用于测试的锆石多呈自形程度较高的长柱状，少数短柱状，锆石粒度多在 100～250μm（图 5-15），柱状晶体长宽比为 2：1～3：1。锆石 CL 图像显示，锆石形态完整，晶形完好，整体发光性较好，具有清晰的振荡环带结构。锆石大多数为单一成因的岩浆锆石，少数为具有明显核–边结构的继承性锆石（图 5-15）。

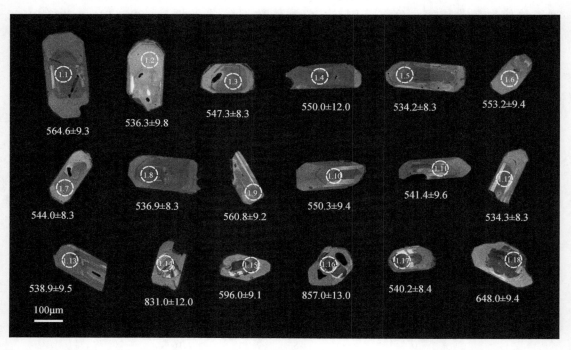

图 5-15　斜长花岗斑岩样品的典型锆石阴极发光图像和年龄值（单位：Ma；乔耿彪等，2015b）

对次斜长花岗斑岩样品中挑出的 18 粒锆石共进行了 18 次测试，测试选点多数为环带特征明显的边部，少数为环带发育的核部。锆石的 w（Th）含量范围主要为 $40×10^{-6}$～$440×10^{-6}$，个别甚至达 $707×10^{-6}$，变化波动范围较大；w（U）含量变化范围为 $82×10^{-6}$～$396×10^{-6}$，个别超过 $1158×10^{-6}$；w（Th）/w（U）值较高多在 0.33～1.15，仅一组较小为 0.14（表 5-6）。

对锆石进行 U- Pb 分析测试，对年龄数据进行处理后，测年数据包含 831.0～857.0Ma、596.0～648.0Ma 和 534.2～564.6Ma 共 3 类测试结果，其中第一类数据普通铅含量较少，偏离了谐和线，其他两类数据均落在谐和线上（图 5-16）。谐和度较好的 14 组分析点具有较集中的 $^{206}Pb/^{238}U$ 年龄值，介于 534.2±8.3Ma～564.6±9.3Ma 之间（图 5-15、表 5-6），其 $^{206}Pb/^{238}U$ 加权平均年龄值为 544.5±4.7Ma，对应的 MSWD = 1.13（图 5-16）。

3. 赋矿地层的形成时代

对塔什库尔干陆块分布的布伦阔勒岩群的形成时代目前的研究主要包括以下几类观

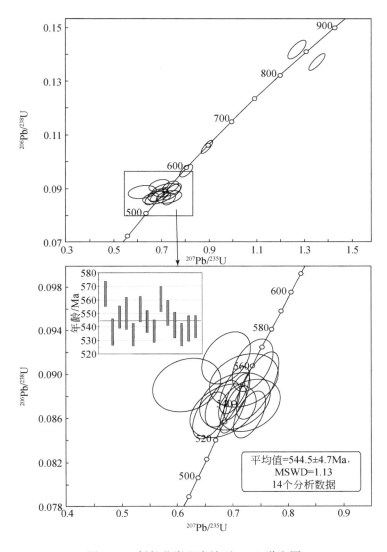

图 5-16　斜长花岗斑岩锆石 U-Pb 谐和图

点：①孙海田等（2003）在布伦口湖岸边出露的布伦阔勒岩群斜长角闪片麻岩中获得锆石 U-Pb 年龄 2700Ma 左右，认为该地层成岩时代较早，为新太古代，并且代表了基底形成年龄；②新疆维吾尔自治区地质矿产局编写出版的《新疆维吾尔自治区区域地质志》（1993）中依据地层岩石的变质程度，并结合苏联学者在西南帕米尔与该群相当的变质岩系中采用 U-Pb 法和 Rb-Sr 等时线法测得的 2130～2700Ma 的同位素年龄，将地层时代划归为古元古代；③计文化等（2011）对甜水海地块西段布伦阔勒岩群中片理化变流纹岩的单颗粒锆石 LA-ICP-MS 测年为 2481±14Ma，说明这套互层状产出的流纹岩与玄武岩、玄武安山岩可能共同组成布伦阔勒岩群中的古元古界部分；④张传林等（2007）测定了南昆仑地体西段布伦阔勒岩群内石榴黑云斜长片麻岩和夕线石榴黑云片岩中锆石的 U-Pb 年龄，表明沉积于新元古代晚期—早古生代早期，并在加里东期和海西—印支期发生变质，认为古元古代的布伦阔勒岩群实质上是由北部的角闪岩相变质的火山–沉积岩系及南部的由南向北逆冲推覆到这套火山–沉积岩系之上的角闪岩相副变质岩（孔兹岩）组成；⑤杨文强等（2011）测定了西昆仑塔什库尔干县城以东布伦阔勒岩群内出露的夕线石榴黑云片麻岩和石榴角闪片麻岩中的锆石 U-Pb 年龄，获得原岩的形成年龄分别不早于 $253\pm2Ma$ 和 $480\pm8Ma$，对应的变质时代为 $220\pm2Ma$ 和 $220\pm3Ma$，并且认为塔什库尔干县城以东的夕线石榴片岩–石英岩组合单元应从原来的古元古代 "布伦阔勒岩群" 中划分出来。总的来说，由于布伦阔勒岩群分布较广，不同的研究者针对该岩群不同岩段区域变质岩系的年代学测试结果不同，主要集中于火山岩、夕线石榴黑云片麻岩和石榴角闪片麻岩的年代测试，时间范围从新太古代至晚古生代，差异较大，甚至需要对部分地段的岩群进行解体。

在本次研究中，我们从赞坎铁矿区与磁铁矿形成关系密切的布伦阔勒岩群 a 岩段的斜长角闪片岩中获得的锆石 $^{207}Pb/^{206}Pb$ 加权平均年龄值为 $1845.0\pm11.0Ma$，其为核部具典型振荡环带结构的岩浆成因锆石的结晶年龄，限定了该区地层形成时代可能晚于 $1845.0\pm11.0Ma$。从侵入布伦阔勒岩群 b 岩段的次斜长花岗斑岩体中获得的锆石 $^{206}Pb/^{238}U$ 加权平均年龄值为 $544.5\pm4.7Ma$，也为典型的岩浆成因锆石的结晶年龄，且斜长花岗斑岩体是后期侵入地层形成的，因此可以限定地层的形成时代要早于 $544.5\pm4.7Ma$。从布伦阔勒岩群 b 岩段的硅化英安岩获得的锆石 $^{206}Pb/^{238}U$ 加权平均年龄值为 $544.0\pm7.2Ma$，该火山岩的喷发时代与次斜长花岗斑岩的形成时间较为相近，可以共同作为对地层下限的界定。因此，可推测布伦阔勒岩群的形成年龄介于 $1845.0\sim544.5Ma$，为元古宙。而且在英安岩中的部分锆石核部还发现有 $3048.0\sim3054.0Ma$ 和 $2032.0Ma$ 的年龄信息，说明地层中还保留有更古老的基底物质（古元古代甚至中太古代基底岩石）。因此通过本次 3 个样品的 SHRIMP 锆石 U-Pb 测年，也进一步说明塔县—瓦恰隆起带所出露的布伦阔勒岩群是最古老的地层之一，也为塔什库尔干古陆块的存在提供了依据。

4. 铁矿床的形成时代

布伦阔勒岩群既是塔什库尔干陆块的主体组成部分，也是该区域铁矿床的赋矿地层，在其中已经发现了赞坎、老并、莫喀尔和叶里克等大型磁铁矿床。区内铁矿的形成主要与沉积成矿作用密切相关，赋矿地层和矿体都经历了不同程度的变质作用，这些特征与前寒武纪沉积变质型铁矿较为相似。从本区铁矿床的地质特征来看，赞坎磁铁矿体主要为层状、似层状或透镜状，与围岩呈整合接触、互层产出，与顶、底板围岩呈渐变过渡关系，磁铁矿石也具有较为明显的原始沉积构造等特征，也说明铁矿床主要是在沉积作用下形成，其主要矿体是与布伦阔勒岩群底部含铁岩系同生的，铁矿床的形成年代应与布伦阔勒岩群含铁岩系的形成时代一致，为元古宙，是全球性前寒武纪铁矿成矿事件的产物（乔耿彪等，2015b）。

（七）成矿期次及成矿模式

通过前面对赞坎铁矿形成的地质构造背景、成矿环境、矿床地质特征、矿床成因及成矿过程等方面的综合研究，该矿床矿化阶段可分出四个期次，分别为原始沉积期、区域变质期、岩浆热液改造期及表生氧化期。结合国内外沉积变质型矿床的成矿模式，初步建立赞坎磁铁矿床成矿模式（图5-17），各主要阶段特点简述如下：

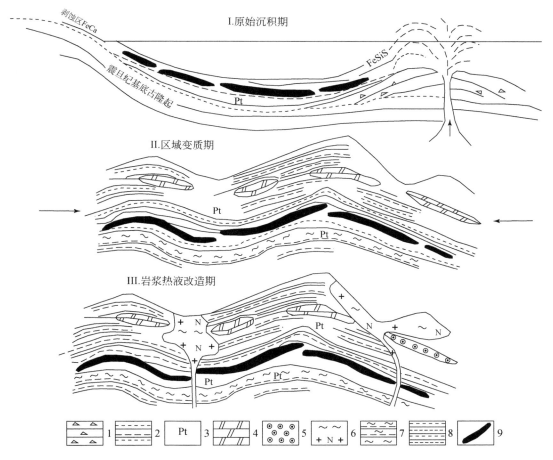

图 5-17　赞坎铁矿成矿模式图（据新疆维吾尔自治区地质调查院，2012）

1—火山碎屑沉积物；2—片岩、片麻岩；3—黑云斜片麻岩；4—大理岩；5—石榴子石岩；
6—混合化斜长花岗岩；7—花岗片麻岩；8—黑云石英片岩；9—磁铁矿体

（1）原始沉积期（Ⅰ）：该阶段为区内磁铁矿床的主要形成阶段。拗陷盆地形成过程伴随海底火山活动，火山活动带来了大量的成矿物质，部分铁质与海水发生海解作用进入海水富集，沉积后形成富铁富硅沉积岩，形成下部为富铁火山岩，上部为富铁沉积岩（富硅）的含铁建造。

（2）区域变质期（Ⅱ）：这一阶段对区内铁矿的形成总体影响有限。受区域变质作用改造，原始磁铁矿层发生深埋变质作用，富铁岩石在高温高压下物质成分发生分异，铁质进一步富集，形成富铁和富硅的不同颜色条带。这一阶段对区内磁铁矿床的富集起到了一定的作用。一方面使原始沉积形成的极少量赤铁矿（镜铁矿）变质成磁铁矿和原始沉积形成的磁铁矿局部发生重结晶作用；另一方面在西昆仑造山带和东西两侧断裂带的共同作用下形成一系列宽缓褶皱，使得原始磁铁矿层发生同步褶曲，并在局部发生富集。该阶段形成石英、黑云母、角闪石、斜长石等区域变质矿物（表5-7）。

表5-7 赞坎铁矿区主要矿物生成期次一览表

矿物	原始沉积期	区域变质期	岩浆热液改造期			表生氧化期
			夕卡岩化期	岩浆热液期	硫化物期	
磁铁矿	▬▬	▬▬				
赤铁矿	▬▬					▬
黄铁矿			▬	▬	▬▬	
磁黄铁矿			▬	▬	▬▬	
黄铜矿			▬	▬	▬▬	
石膏	▬					
褐铁矿						▬▬
黄铁钾矾						▬▬
石英	▬	▬▬		▬	▬	
角闪石		▬▬				
黑云母		▬▬				
绿泥石			▬	▬		
透辉石			▬▬			
透闪石			▬▬			
方解石	▬					
石榴子石			▬▬			
绿帘石				▬		
阳起石			▬▬			
斜长石		▬				

（3）岩浆热液改造期（III）：是矿体形成富铁矿的重要时期。这一阶段按照先后又可划分为夕卡岩化阶段、岩浆热液阶段和硫化物形成阶段。

岩浆侵入作用对铁矿形成有一定的影响，使岩体与磁铁矿体接触部位出现叠加改造的夕卡岩化磁铁矿。夕卡岩化阶段主要集中于喜马拉雅期，仅使布伦阔勒岩群片岩发生夕卡岩化，形成透辉石、石榴子石、绿帘石、阳起石、透闪石等夕卡岩矿物（表5-7）。

从新元古代至新生代大规模的造山运动带来大量的岩浆侵入活动，特别是喜马拉雅期霏细（斑）岩及英安（斑）岩岩浆热液沿片理面侵入，岩浆热液萃取地层中的铁质活化迁移，使矿体进一步富集。这一时期带来部分铁质，并有少量的黄铁矿沿矿体或片理面侵入呈条带状、浸染状产出。同时这一时期岩浆热液还带来大量的钙质矿物，形成石膏层、方解石细脉或绿泥石，局部还见有大量的硫化物，以黄铁矿、黄铜矿、磁黄铁矿为主，这些硫化物颗粒较大，自形程度相对较好且与方解石、透辉石等矿物共生（表5-7）。

（4）表生氧化期：由于矿床剥蚀程度低且矿区潜水面（氧化还原界面）较高，矿石的氧化程度相对较低，因此表生阶段产生的各类蚀变对本矿形成基本没有影响。在局部被风化剥蚀的部分形成氧化层，在矿区地表见有黄铁矿被氧化为褐铁矿（表 5-7）。

（八）磁铁矿床找矿模型

找矿模式是在成矿规律研究的基础上，通过对矿床（体）的地质、物探、化探、遥感等多方面信息显示特征的充分发掘及综合分析，从中优选出那些有效的、具单解性的信息作为找矿标志，并在确定了找矿标志和找矿方法的最佳组合后才建立起来的。该类型矿床的主要找矿标志包括：

（1）地层及岩性标志。调查区含矿岩性主要为古元古界布伦阔勒岩群变质岩系，在该套地层中的黑云母石英片岩、角闪斜长片岩均见有大规模的磁铁矿化。矿体呈层状分布，产状与围岩基本一致，呈渐变过渡关系，岩性控矿特征非常明显。反映矿化产出部位与地层、岩性有着密切的成因联系。古元古界布伦阔勒岩群地层为找矿的直接标志。

（2）矿体露头是最直接的找矿标志。金属矿物在近地表氧化较弱，磁铁矿仍保留有较好的晶形。

（3）地表黄色褐铁矿化蚀变带（黄钾铁钒化蚀变带）是寻找磁铁矿的最直接标志，区域上比较普遍。特别是矿床地表出露部位，常伴生有褐铁矿化等表现出的黄色氧化带，黄色氧化带呈现出负地形的地方，则预示着磁铁矿层的存在。

（4）构造标志：调查区内的布伦阔勒岩群地层在区域上表现为大的褶皱构造，在褶皱构造背形转折端或向形转折端部位易于矿体的富集，是成矿有利部位。

（5）物探标志：赞坎矿床所处部位分布有两个 1∶5 万航磁异常点，矿体出露部位及走向与航磁异常完全吻合，同时地面高精度磁异常正磁异常北侧梯度带也常是磁铁矿的露头部位，可作为找矿的间接标志。地面磁异常呈条带状，极值 $\Delta T > 50000\text{nT}$，异常总体走向与区域构造线一致，异常均与磁铁矿体对应。

根据上述找矿标志，结合前文的综合研究结果，建立了塔什库尔干沉积变质型铁矿找矿模型，各模型要素见表 5-8、图 5-18。

表 5-8　新疆塔什库尔干沉积变质型铁矿找矿要素表

	找矿要素	具体特征	要素分类
成矿地质环境	大地构造位置	塔里木南缘隆起，塔什库尔干—甜水海地块	必要
	主要控矿构造	受北西-南东向康西瓦断裂及其次生断裂带控制，其内形成的沉积构造和侵入岩构造是本区主要的控矿构造	必要
	主要赋矿地层	古元古界布伦阔勒岩群	必要
	控矿沉积建造	古元古界布伦阔勒岩群硅铁建造	必要
	区域变质作用及建造	古元古界布伦阔勒岩群为区域动力热流变质，以角闪岩相为主，区域变质程度中等，以绿片岩相变质建造为主，其次有少量的角闪岩相变质建造等	必要
	侵入岩	侵入期次可分为未分元古宙岩体、加里东中期、印支期及喜马拉雅期	次要

续表

找矿要素		具体特征	要素分类
成矿地质特征	含矿地层及建造	具有拉张裂谷特征的沉积环境，即古元古界布伦阔勒岩群硅铁建造	必要
	有利变质岩	顶板岩石类型为低绿片岩相的片岩组合和大理岩，底板为绿片岩相至角闪岩相的片岩、片麻岩组合	必要
	成矿时代	成矿时期为古元古代、后期热液改造变富	次要
	沉积盆地	海相沉积盆地及沉积构造	次要
	蚀变	铁矿带广泛发育绿泥石化、绿帘石化、黄铁矿化、透闪石化	次要
	矿床式	赞坎沉积变质型铁矿	重要
物化探及自然重砂特征	重力异常	处于区域重力梯度带低值区，布格重力值在 -450×10^{-5} ~ -460×10^{-5} m/s² 。区域磁场为北西走向磁异常带中的局部正异常	重要
	主要物性特征	磁铁矿石具有强磁性；赋矿变质岩系黑云母石英片岩、板岩等作为近矿围岩具中等–中弱磁性，作为远矿围岩具弱磁性或无磁性；正长岩、正长花岗岩等为弱–无磁性	重要
	磁异常	地面磁异常呈条带状，极值 $\Delta T>50000$nT。异常总体走向与区域构造线一致。异常均与磁铁矿体对应。由多个磁异常峰值组成，极值 $\Delta T>11000$nT。主矿体中心对应于高值区与低值区的拐点部位，可能是由多个产状不同的强磁性体磁异常叠加引起的	重要
	化探异常	位于 Fe、Mn、V、Ti、Co 组合异常浓集中心中外带，无明显的 Cr、Ni 局部异常	次要
	重砂异常	个别矿点集中分布区的下坡地段存在磁铁矿、赤铁矿重砂异常	次要

二、遥感找矿预测

（一）典型矿床遥感解译特征

塔什库尔干地区磁铁矿床的主要含矿地层为古元古代布伦阔勒岩群，布伦阔勒岩群分四个岩性段，其下部的片岩组合为一套含铁建造，总体上该套含铁建造层位倾向北东，呈北西–南东向延展。

布伦阔勒岩群含铁岩段岩性主要有：石英片岩、黑云石英片岩、角闪石英片岩、大理岩、磁铁石英片岩、斜长角闪片麻岩等，往往单一岩性特征少见，以组合特征为主。主要分布于赞坎、吉尔铁克、老并、走克本、叶里克、塔阿西等地。该段岩性（组合）单元影像特征解译标志见表5-9。

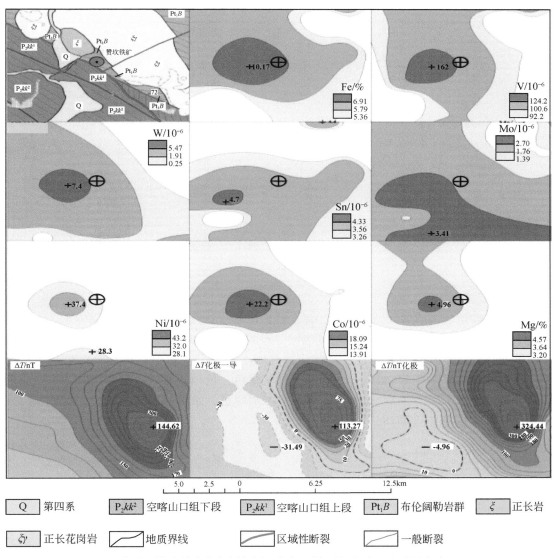

图 5-18　赞坎磁铁矿综合信息剖析图（据新疆维吾尔自治区地质调查院，2012）

表 5-9　布伦阔勒岩群含铁岩段主要岩性解译特征表

岩性	色调、形态、水系、纹形等影像特征（解译标志）	遥感影像
石英片岩（qs）	色彩为灰白色、条带状、水平层理发育，抗风化能力较强	
云母石英片岩（mis）	色彩为灰黑色或者杂色，条带状，微地貌较缓，局部抗风化能力强（老并铁矿）	

岩性	色调、形态、水系、纹形等影像特征（解译标志）	遥感影像
大理岩（mb）	色彩为灰黄色、灰白色，不规则格块状，一般以正地形为主，抗风化能力较强（老并铁矿）	
角闪石英片岩（hos）	色彩为灰黑色、灰白色。块状或条带状，一般以正地形为主，抗风化能力较强（老并铁矿）	
磁铁矿（mt）	色彩为灰绿色，条带状影纹；一般为串珠状、扁豆状、条带状延伸（老并铁矿）	
黑云石英片岩与角闪片岩（mis+hos）	灰色、灰黑色夹灰白色条带，基岩出露好则层状或似层状延伸（老并铁矿）	

在对含矿地层遥感解译的基础上，建立磁铁矿体（矿化带）的遥感解译标志。通过影像与现有成矿部位的比对，可以确定该区域分布的磁铁矿体多为灰色，黑云石英片岩、磁铁石英岩、石英片岩等为灰黑色，矿体出露地表受风化后有褐铁矿化现象，呈灰黄色色调。赞坎铁矿区矿体在 WorldView-2 影像上呈灰绿色，色调较亮，一般为层状、条带状延伸；老并一带铁矿矿体在 WorldView-2 影像上呈灰绿色，条带状影纹，一般为串珠状、扁豆状、条带状延伸（图5-19）。

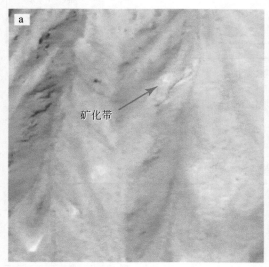
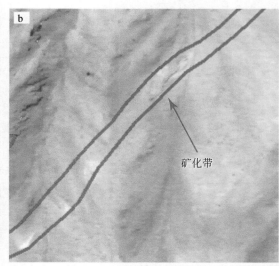

图 5-19　老并一带 WorldView-2 图像上矿（化）体出露影像特征

在铁矿矿体解译基础上，由已知往未知区域进行延伸，对铁矿矿化蚀变带也进行遥感解译。通过对铁矿体及矿化蚀变带的遥感解译，为下一步遥感异常筛选提供了依据。

（二）遥感异常提取与筛选

由于 Aster 数据具有很高的光谱分辨率，遥感异常处理主要利用 Aster 遥感数据来实现。主要提取 Fe^{2+}、Fe^{3+} 等变价元素异常、Al-OH 与 Mg-OH 为主的基团异常以及碳酸根异常等信息。对上述异常采用多种变换处理方法可实现对不同蚀变矿物信息异常的提取。

在矿物的组成成分中，Fe 是一个很重要的元素。铁的氧化物、硫化物、氢氧化物等光谱特征不尽相同，铁硅酸盐矿物特征谱带位于 $0.9\mu m$，铁的氧化物光谱特征易被覆盖，但通过蚀变可以体现出特征波谱。Fe^{2+} 在 $1.0 \sim 1.1\mu m$ 附近产生一个强而宽的谱带；Fe^{3+} 在 $0.45\mu m$、$0.55\mu m$、$0.85\mu m$、$0.90\mu m$、$0.94\mu m$ 吸收较强，在 $0.9 \sim 1.0\mu m$ 之间有很强的吸收谱带，在 $0.6 \sim 0.8\mu m$ 之间反射相对较强。铁染信息主要反映在 Aster 数据 $1 \sim 4$ 波段，在波段 1 和 3 铁染信息吸收较强，在波段 2 和 4 反射较强。

羟基异常主要提取 Al-OH、Mg-OH 的异常信息。含 Al-OH 矿物的吸收特征是由位于 $2.20\mu m$ 附近的最大吸收峰以及其两侧的一些次一级吸收峰构成的"二元结构"。含 Mg-OH 矿物最为显著的是在 $2.30\mu m$ 附近具有强吸收特征峰。Aster 遥感数据 $5 \sim 9$ 波段主要与羟基异常信息有关，而铁羟基在 7 波段吸收明显。

碳酸根在近红外区有 5 个显著的特征谱带：$2.55\mu m$、$2.35\mu m$、$2.16\mu m$、$2.0\mu m$、$1.9\mu m$，其中 $2.55\mu m$、$2.35\mu m$ 强度最强。碳酸盐矿物的识别特征是 $2.3\mu m$ 至 $2.4\mu m$ 之间具有单一的特征吸收，在 $2.1 \sim 2.2\mu m$ 以及 $2.5\mu m$ 附近有次一级的特征吸收。

1. 遥感异常提取的方法

根据上述铁染异常、羟基异常、碳酸根异常等反射、吸收光谱特征与 Aster、TM 的波段对应关系，通过主成分变换分别提取铁染、羟基和碳酸根异常。

提取铁染异常（FCA）采用 Aster 数据的 1、2、3、4 波段做主成分变换，以均值+4s（标准离差）作为主分量输出的动态范围。铁染信息在 Aster 数据波段 1、3 呈吸收，在波段 2、4 呈反射，故异常主分量的本征向量特点是：波段 1、3 与波段 2 的贡献系数符号相反。通过对 1、2、3、4 主成分变换，得到特征矩阵，发现第四主分量波段 2 与波段 1 和波段 3 符号相反，可以作为铁染异常主分量（表5-10）。

表 5-10　Aster 数据 1234 主成分变换特征矩阵

特征向量（Eigenvector）	波段 1	波段 2	波段 3	波段 4
PC1	0.408	0.459	0.515	0.598
PC2	0.507	0.421	0.089	-0.746
PC3	0.348	0.270	-0.850	0.288
PC4	0.674	-0.734	0.060	0.051

提取羟基异常（OHA）采用 Aster 数据的 1、3、4、n（5、6、7、8）波段做主成分变换，以均值+4s（标准离差）作为主分量输出的动态范围，羟基异常信息在波段 5、6、7、

8 呈吸收，在波段 4 呈反射，故异常主分量的本征向量特点是：波段 3、n 与波段 4 的贡献系数符号相反。对于 Al-OH 采用 1、3、4、n（n 为 7、8）做主成分变换提取异常；对于 Mg-OH 采用 1、3、4、n（n 为 5、6）做主成分变换提取异常。

通过对 1、3、4、6 主成分变换，得到特征矩阵，发现第四主分量波段 3 与波段 1 和波段 4 符号相反，与波段 6 符号相同，可以作为 Mg-OH 异常主分量（表 5-11）。通过对 1、3、4、8 主成分变换，得到特征矩阵，发现第四主分量波段 3 与波段 1 和波段 4 符号相反，与波段 8 符号相同，可以作为 Al-OH 异常主分量（表 5-12）。

表 5-11　Aster 数据 1346 主成分变换特征矩阵

特征向量（Eigenvector）	波段 1	波段 2	波段 3	波段 4
PC1	0.395	0.501	0.586	0.500
PC2	0.691	0.391	−0.455	−0.404
PC3	0.504	−0.634	−0.250	0.530
PC4	−0.336	0.441	−0.622	0.553

表 5-12　Aster 数据 1348 主成分变换特征矩阵

特征向量（Eigenvector）	波段 1	波段 2	波段 3	波段 4
PC1	0.401	0.508	0.595	0.477
PC2	0.693	0.376	−0.486	−0.377
PC3	0.383	−0.504	−0.372	0.679
PC4	0.462	−0.588	0.521	−0.411

2. 遥感异常提取的结果

1）异常分布规律

调查区的遥感异常主要分布于布伦阔勒岩群内，多数异常点及其周边已发现磁铁矿、黄铁矿、褐铁矿和黄钾铁矾等矿化现象。异常点与矿区内的地表工程等吻合度亦较高，与已知的 4 处金属矿点作对比，发现其均与遥感异常存在对应关系，异常结果吻合（表 5-13）。

表 5-13　已知矿点与异常对应情况表

编号	矿床名称	矿床类型	地质特征及蚀变类型	异常对应情况
1	吉尔铁克铁矿	沉积变质	地层为古元古代布伦阔勒岩群，在含磁铁石英片岩中发现磁铁矿体。矿石矿物主要为磁铁矿	铁染异常
2	老并铁矿	沉积变质	地层为古元古代布伦阔勒岩群，在含磁铁石英片岩中发现磁铁矿体。矿石矿物主要为磁铁矿	铁染异常、羟基异常
3	热拉其铜矿	加里东期热液脉型	铜矿化产于古元古代布伦阔勒岩群黑云石英片岩中的构造破碎带中	铁染异常

续表

编号	矿床名称	矿床类型	地质特征及蚀变类型	异常对应情况
4	乔普卡里莫铁矿	沉积变质	地层为古元古代布伦阔勒岩群，在含磁铁石英片岩中发现磁铁矿体。矿石矿物主要为磁铁矿	铁染异常

2）推荐异常信息

对调查区内的遥感异常根据地质背景、成矿条件、找矿意义等，利用人工包络线将若干空间位置紧密相连，成矿地质条件相近的遥感异常圈定在一起，进行归类，标明需重点查证的异常包带号、异常号、经纬度坐标和找矿意义，为下一步找矿靶区优选评价提供依据。该区圈定的遥感矿致异常包共 15 处，包内所含一、二级以上异常点共 30 处（表 5-14）。

表 5-14　推荐异常包及异常特征表

序号	异常包号	异常编号	异常级别	找矿意义
1	1	1	一级羟基异常	该点位于铁矿赋矿地层上，遥感异常明显且经过多种方法筛选验证，推测为褐铁矿化异常
2	2	1	一级铁染异常	该点位于铁矿赋矿地层上，遥感异常明显且经过多种方法筛选验证，推测为老并磁铁矿矿脉及其延伸
3	2	2	一级铁染异常	该点位于铁矿赋矿地层上，遥感异常明显且经过多种方法筛选验证，推测为老并磁铁矿矿脉
4	2	3	一级铁染异常	该点位于铁矿赋矿地层上，遥感异常明显且经过多种方法筛选验证，推测为老并磁铁矿矿脉及其延伸
5	2	4	二级铁染异常	该点位于铁矿赋矿地层上，遥感异常明显且经过多种方法筛选验证，推测为老并磁铁矿矿脉及其延伸
6	2	5	一级铁染异常	该点位于铁矿赋矿地层上，遥感异常明显且经过多种方法筛选验证，推测为老并磁铁矿矿脉
7	2	6	一级铁染异常	该点位于铁矿赋矿地层上，遥感异常明显且经过多种方法筛选验证，推测为老并磁铁矿矿脉及其延伸
8	3	1	二级羟基异常	该点位于铁矿赋矿地层上，遥感异常明显且经过多种方法筛选验证，推测为褐铁矿化异常
9	3	2	二级铁染异常	该点位于铁矿赋矿地层上，遥感异常明显且经过多种方法筛选验证，推测为褐铁矿化异常
10	4	1	二级铁染异常	该点位于铁矿赋矿地层上，遥感异常明显且经过多种方法筛选验证，推测叶里克磁铁矿矿脉及其延伸
11	4	2	二级羟基异常	该点位于铁矿赋矿地层上，遥感异常明显且经过多种方法筛选验证，推测为叶里克磁铁矿矿脉及其延伸
12	4	3	一级羟基异常	该点位于铁矿赋矿地层上，遥感异常明显且经过多种方法筛选验证，推测为叶里克磁铁矿矿脉

序号	异常包号	异常编号	异常级别	找矿意义
13	4	4	一级羟基异常	该点位于铁矿赋矿地层上，遥感异常明显且经过多种方法筛选验证，推测为叶里克磁铁矿矿脉及其延伸
14	5	1	二级铁染异常	该点位于铁矿赋矿地层上，遥感异常明显且经过多种方法筛选验证，推测为褐铁矿化异常
15	6	1	一级铁染异常	该点位于铁矿赋矿地层上，遥感异常明显且经过多种方法筛选验证，推测为褐铁矿化异常
16	7	1	二级铁染异常	位于布伦阔勒岩群与燕山期二长花岗岩的接触带上，野外验证见多条石英脉，有孔雀石化等矿化特征
17	8	1	一级铁染异常	该点位于铁矿赋矿地层上，遥感异常明显且经过多种方法筛选相互验证，呈条带状展布，与老并矿带具有相似的地质背景
18	8	2	一级铁染异常	该点位于铁矿赋矿地层上，遥感异常明显且经过多种方法筛选相互验证，呈条带状展布，与老并矿带具有相似的地质背景
19	9	1	一级羟基异常	该点位于铁矿赋矿地层上，遥感异常明显且经过多种方法筛选相互验证，呈条带状展布，与老并矿带具有相似的地质背景
20	10	1	一级羟基异常	该点位于铁矿赋矿地层上，遥感异常明显且经过多种方法筛选验证，呈条带状展布，推测为叶里克矿带或矿化带的延伸
21	10	2	二级铁染异常	该点位于铁矿赋矿地层上，遥感异常明显且经过多种方法筛选验证，呈条带状展布，推测为叶里克矿带或矿化带的延伸
22	11	1	一级羟基异常	该点位于铁矿赋矿地层上，遥感异常明显且经过多种方法筛选验证，推测为褐铁矿化异常
23	12	1	二级铁染异常	该点位于铁矿赋矿地层上，控矿构造发育，遥感异常明显且经过多种方法筛选验证，推测为吉尔铁克磁铁矿矿脉及其延伸
24	12	2	二级铁染异常	该点位于铁矿赋矿地层上，控矿构造发育，遥感异常明显且经过多种方法筛选验证，推测为吉尔铁克磁铁矿矿脉及其延伸
25	13	1	一级铁染异常	该点位于铁矿赋矿地层上，控矿构造发育，遥感异常明显且经过多种方法筛选验证，推测为赞坎磁铁矿矿脉及其延伸
26	13	2	一级铁染异常	该点位于铁矿赋矿地层上，控矿构造发育，遥感异常明显且经过多种方法筛选验证，推测为赞坎磁铁矿矿脉及其延伸
27	13	3	二级铁染异常	该点位于铁矿赋矿地层上，控矿构造发育，遥感异常明显且经过多种方法筛选验证，推测为赞坎磁铁矿矿脉及其延伸
28	14	1	一级羟基异常	该点位于铁矿赋矿地层上，遥感异常明显且经过多种方法筛选相互验证
29	14	2	二级铁染异常	该点位于铁矿赋矿地层上，遥感异常明显且经过多种方法筛选相互验证
30	15	1	一级铁染异常	该点位于铁矿赋矿地层上，遥感异常明显且经过多种方法筛选相互验证

（三）遥感找矿模型

从前述塔什库尔干地区典型矿床研究可知，该区以沉积变质型铁矿为主，矿床的分布主要受地层控制，局部受到断裂围限和岩浆热液改造。经遥感综合分析确定了该类型矿床的遥感找矿模型，主要包括 11 个方面（表 5-15）。

表 5-15　塔什库尔干沉积变质型铁矿遥感找矿模型

序号	矿床要素	具体特征
1	成矿模式	沉积变质型
2	构造环境	处于塔什库尔干陆块与明铁盖陆块的碰撞、拼接带上，即塔阿西—色克布拉克结合带。矿体主体位于塔什库尔干陆块，更靠近塔阿西—色克布拉克结合带
3	含矿地层	古元古代布伦阔勒岩群
4	含矿岩系和围岩	含矿岩系为：黑云母石英片岩、磁铁矿石、石英片岩、斜长角闪片岩等。矿体顶底板主要岩石为含磁铁黑云母石英片岩和斜长角闪片岩
5	侵入岩	英安岩、斜长花岗岩、花岗岩、二长花岗岩等。侵入期次有：前寒武、加里东期、印支期、喜马拉雅期等
6	矿石特征	矿体呈脉状、似层状、透镜状产出，矿石以条纹状、条带状为主，其次为致密块状和浸染状，矿石矿物以磁铁矿为主，少量的褐铁矿、赤铁矿，矿石主要为自形–半自形结构、他形–半自形结构、粒状变晶结构
7	矿化类型	褐铁矿化、钾化、硅化、方解石化等
8	控矿构造	断裂构造多呈北西向，也存在北西向的褶皱构造（背形向形构造），有利于铁矿富集和控制铁矿空间展布
9	元素分析	矿石平均品位 TFe 37.3%~58.69%，SiO_2 10.33%~30.27%，S 小于 0.08%，P_2O_5 小于 0.21%，块状磁铁矿石中常伴有钒、钛稀有元素
10	遥感蚀变异常	铁染一、二级异常和羟基一、二级异常
11	矿体矿化带影像特征	以 843 合成的 WorldView-2 图像上矿体为灰绿色色调，条带状影纹；一般为串珠状、扁豆状、条带状延伸。快鸟图像上矿体为褐色色调，呈条带状，围岩为灰白相间的条带状

通过遥感找矿模型，划分确定了磁铁矿靶区圈定的遥感判别模式或预测指标为：

（1）含铁建造主要成矿/控矿岩性–构造组合：该层位锁定在布伦阔勒岩群变质岩系下部岩性段，其岩性组合为石英片岩+斜长角闪片岩+云母片岩+斜长片麻岩+石英岩。

（2）下部岩性段的石英片岩+斜长角闪片岩为主要的控矿层位，划分为找矿有利地段。

（3）主赋矿层的控矿层位出现铁氧化带时影像显示灰黄色或褐黄色色调。

（4）高分图像矿体特征：WorldView-2 图像上矿体为灰绿色色调，条带状影纹；一般为串珠状、扁豆状、条带状延伸；快鸟（QuickBird）图像上矿体为褐色色调，呈条带状围岩为灰白相间的条带状。

（5）遥感异常特征：一般出现铁染一、二级异常和羟基一、二级异常。

　　总之，该类型矿床靶区需要"控矿岩段及近矿岩层"、"密集平行及交错层理"、"代表铁氧化物的色调斑纹"、"较高级别的矿致异常"等4个成/控矿遥感要素同时具备，才可以圈定找矿靶区。

（四）遥感找矿靶区圈定

　　根据确定的遥感找矿模型和预测指标，在塔什库尔干地区共圈定遥感找矿靶区9处，其中A级遥感找矿靶区4处、B级遥感找矿靶区3处、C级遥感找矿靶区2处（图5-20）。所推荐A级找矿靶区以见到规模较大或数量较多的矿化带/矿点为圈定靶区依据，B级找矿靶区以见到矿化体为圈定靶区依据，C级找矿靶区以前人矿化点资料或见到矿化蚀变带为圈定靶区依据，主要靶区均具有下一步工作价值。

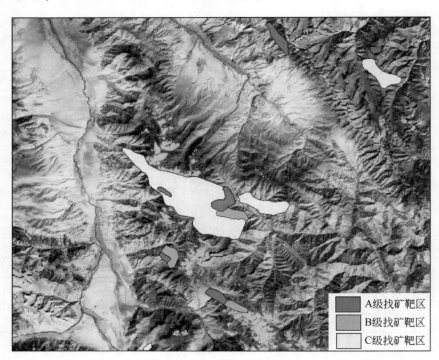

图 5-20　塔什库尔干区域圈定的遥感找矿靶区分布图

1. 叶里克沟铁矿 A 级找矿靶区

　　靶区位于塔什库尔干县达布达乡叶里克沟，平均海拔5000m。靶区出露地层主要为古元古代布伦阔勒岩群。靶区位于塔什库尔干陆块与明铁盖陆块的结合部位，塔阿西断裂以东，构造活动强烈，岩浆活动频繁。塔阿西断裂的次级断裂很发育，为热液提供了通道。布伦阔勒岩群是磁铁矿的主要赋矿岩层，磁铁矿体分布于含磁铁石英片岩中。遥感异常分布于布伦阔勒岩群内，主要为羟基一、二级异常和铁染一、二级异常；异常点与矿点吻合度亦较高。靶区附近已发现叶里克铁矿。该靶区具有良好的成矿地质背景，容矿、控矿构造发育，遥感异常明显，附近有同类型已知矿点，铁矿找矿前景较好。

2. 走克本铁矿A级找矿靶区

靶区位于塔什库尔干县马尔洋乡老并沟与走克本沟，平均海拔3800m。靶区地质特征同1靶区。遥感异常分布于布伦阔勒岩群内，以铁染一、二级异常为主。大量异常点及其周边发现磁铁矿、黄铁矿、褐铁矿、黄钾铁矾等。异常点与矿点吻合度亦较高，大量异常点周边发现有槽探工程。靶区内已发现老并铁矿。靶区具有良好的成矿地质背景，容矿、控矿构造发育，遥感异常明显，有已知矿点，有良好的铁矿找矿前景。

3. 吉尔铁克沟铁矿A级找矿靶区

靶区位于塔什库尔干县达布达乡吉尔铁克沟，平均海拔4500m。靶区地质特征同1号靶区。靶区附近已发现吉尔铁克沟铁矿1处，矿床类型为沉积变质型。遥感异常分布于布伦阔勒岩群，主要为铁染二级异常。靶区具有良好的成矿地质背景，容矿、控矿构造发育，遥感异常明显，有已知矿点，铁矿有良好的找矿前景。

4. 赞坎东铁矿A级找矿靶区

靶区位于塔什库尔干县达布达乡赞坎沟，平均海拔4800m。靶区地质特征同1号靶区。靶区附近已发现赞坎铁矿。遥感异常分布于布伦阔勒岩群内，主要为铁染一、二级异常。靶区具有良好的成矿地质背景，容矿、控矿构造发育，遥感异常明显，有已知矿点，铁矿有良好的找矿前景。

5. 老并铁矿B级找矿靶区

靶区位于塔什库尔干县马尔洋乡老并沟，平均海拔3800m。靶区主要为古元古代布伦阔勒岩群云母片岩、角闪片岩、大理岩等。遥感异常分布于布伦阔勒岩群内，以铁染一、二级异常为主。靶区具有良好的成矿地质背景，容矿、控矿构造发育，遥感异常明显，铁矿有良好的找矿前景。

6. 沙依地库拉沟B级找矿靶区

靶区位于塔什库尔干县达布达乡沙依地库拉沟，吉尔铁克沟铁矿A级找矿靶区以东，平均海拔4500m。靶区主要为古元古代布伦阔勒岩群黑云母片岩、角闪片岩、大理岩等，岩浆活动频繁，英云闪长斑岩岩体侵入。靶区位于塔阿西断裂以东，次级断裂很发育。遥感异常分布于布伦阔勒岩群和英云闪长斑岩岩体，主要为铁染和羟基一、二级异常。靶区具有良好的成矿地质背景，容矿、控矿构造发育，遥感异常明显，铁矿有良好的找矿前景。

7. 赞坎东B级找矿靶区

靶区位于塔什库尔干县达布达乡赞坎沟，赞坎铁矿A级找矿靶区以东南，平均海拔4800m。靶区主要为古元古代布伦阔勒岩群云母片岩、角闪片岩、大理岩等，岩浆活动频繁，石英闪长岩岩体侵入。靶区位于塔阿西断裂以东，次级断裂很发育。遥感异常分布于布伦阔勒岩群内，主要为铁染一、二级异常。靶区具有良好的成矿地质背景，容矿、控矿构造发育，遥感异常明显，铁矿有良好的找矿前景。

8. 老并—叶里克沟铁矿C级找矿靶区

靶区位于塔什库尔干县达布达乡和马尔洋乡，由老并沟向叶里克沟延伸、走克本沟向塔阿西沟延伸，平均海拔 3800m。靶区主要为古元古代布伦阔勒岩群云母片岩、角闪片岩、大理岩等，有二长花岗岩岩体侵入。靶区位于塔阿西断裂与康西瓦断裂之间，北西向断层很发育。遥感异常分布于布伦阔勒岩群内，主要为铁染一、二、三级异常和羟基一、二、三级异常。靶区具有良好的成矿地质背景，容矿、控矿构造发育，遥感异常明显，铁矿有良好的找矿前景。

9. 热拉其铁矿 C 级找矿靶区

靶区位于塔什库尔干县马尔洋乡西北，平均海拔 4500m。靶区主要为古元古代布伦阔勒岩群云母片岩、角闪片岩、大理岩等，南部有花岗闪长岩岩体侵入。靶区位于塔阿西断裂与康西瓦断裂之间。遥感异常分布于布伦阔勒岩群内，主要为铁染一、二级异常。靶区具有良好的成矿地质背景，容矿、控矿构造发育，遥感异常明显，铁矿有良好的找矿前景。

第二节　　找矿靶区优选评价

对圈定的遥感找矿靶区进行地球物理和地球化学综合异常背景研究，并结合野外现场查证情况确定综合找矿靶区，从而实现靶区的优选评价。主要综合异常检查和现场查证的靶区为 4 个铁矿靶区即叶里克沟铁矿 A 级找矿靶区、走克本铁矿 A 级找矿靶区、吉尔铁克铁矿 A 级找矿靶区、赞坎东铁矿 A 级找矿靶区。

一、地球物理特征

塔什库尔干地区 1：100 万航磁测量显示，沿塔阿西—色克布拉克断裂以东出现呈北北西向带状展布的异常带，该异常带是较稳定的磁场背景，其上叠加了共 3 个局部异常，异常带宽 8～15km，异常强度一般为 150～300nT，最高为 558nT。3 个局部异常多峰叠加明显，各异常在走向上具有多条线连续出现、断续分布的特点。异常区主要出露地层为古元古代布伦阔勒岩群变质岩系。在上述异常分布区已发现了老并、赞坎铁矿等，异常与铁矿带密切相关，从航磁角度显示所圈定的遥感靶区与航磁异常区有较好的对应关系，说明该区域铁矿带具有重大的找矿潜力（图 5-21）。

塔什库尔干地区目前已知的多数铁矿床或矿点均是在检查 1：100 万航磁异常的基础上发现的，经过较大比例尺航空磁测和地面高精度磁测，可以精确确定矿体的走向延伸及倾向延深。例如叶里克铁矿是根据 1：5 万航空磁测发现一个磁异常，长 10km、宽 1.5～3km，异常强度一般为 100～500nT，最高 822nT。进一步经过 1：1 万地面高精度磁测发现 4 条异常带，15 个局部异常，异常强度 2000～7000nT。进而发现了 4 条矿体、矿化体，其中 I 号矿化带长约 4100m，宽约 20～100m。磁异常与已知磁铁矿体空间位置基本吻合。可以确定磁法测量对该区具有较好的找矿效果。

通过对调查区内已发现的磁铁矿与航磁异常及地面磁异常进行研究分析发现，一般情况下航磁异常点 ΔT 值大于 200nT，且有一定的延长带，均与已发现的磁铁矿床相对应，地面磁异常在 500nT 以上确定的峰值带均为磁铁矿化引起的异常。因此航磁异常、地面磁

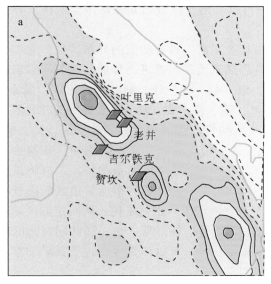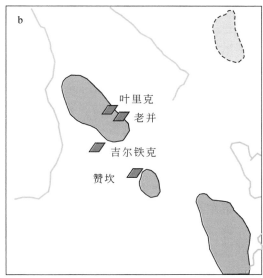

图 5-21　塔什库尔干赞坎一带航磁异常图

a—航磁 ΔT 等值线平面图；b—航磁异常分布图

异常结合遥感异常可以为进一步综合靶区的圈定提供支撑。

二、地球化学特征

区域地球化学成果显示，塔什库尔干达布达尔一带是铁、钴、钒、钛、磷、钠、镁的富集区，浓集区形态相似，呈近东西向处于达布达尔–马尔洋一线北部（图 5-22a、b），规模大，异常面积在 $1000 \sim 1800 km^2$ 之间（表 5-16）。

表 5-16　塔什库尔干达布达尔以铁为主的组合异常特征值一览表

序号	元素	单位	异常下限	最大值	平均值	面积/km²
1	Fe_2O_3	10^{-2}	5.5	10.73	7.04	1521
2	Co	10^{-6}	13.9	32.70	18.51	1518
3	V	10^{-6}	90	206.00	122.96	1758
4	Ti	10^{-6}	3327	9540	4454.21	1371
5	P	10^{-6}	1023	3410	1443.65	1044
6	Na_2O	10^{-2}	2.93	4.57	3.27	1297
7	MgO	10^{-2}	2.98	6.33	3.86	1151

铁的异常图见图 5-22a，将铁、钴、钒、钛、磷、钠、镁相加，获得的 7 元素累加值异常图见图 5-22b，可见二者形态、规模、浓集趋势极为相似，表明该套元素组合稳定，具有相似的成因机理，推测属同一地质因素控制。从图 5-22b 提出累加异常含量等值线，

与该区地质矿产图叠加，获得图5-22c，从图中可以看出，区域已知铁矿床全部落入异常区内，总体上矿床位于异常西部。

区域地球化学成果还显示，该区还存在一组相关元素，具有相似的分布特征，它们是钨、铍、氟、铀、钍、镧、锶，属一套典型的高温热液元素，更进一步说，是与岩浆岩关系密切的元素，其分布呈现北西向带状，将钨、铍、氟、铀、钍、镧、锶值累加，圈定7元素累加值异常图（图5-22d），将由钨、铍、氟、铀、钍、镧、锶7元素界定的北北西向异常带锁定，推测该带是富含这7种元素的岩浆活动带。将由钨、铍、氟、铀、钍、镧、锶7元素提取的北西向富集带，与铁、钴、钒、钛、磷、钠、镁富集区叠加，并勾绘出铁、钴、钒、钛、磷、钠、镁富集区的西南边界，获得如图5-22e所示的特征，再将铁矿点分布加入，并将该图叠加到地质矿产图（图5-22f）上，会发现达布达尔地区的磁铁矿主要沿带东半部分布（图5-22f），这是一个很有意义的现象。也就是说，所圈定的区域处在钨、铍、氟、铀、钍、镧、锶共同富集带与铁、钴、钒、钛、磷、钠、镁共同富集区的重叠区域，该区域不仅富集磁铁矿，也富集部分稀土资源，可以作为今后地质找矿的重点地区。

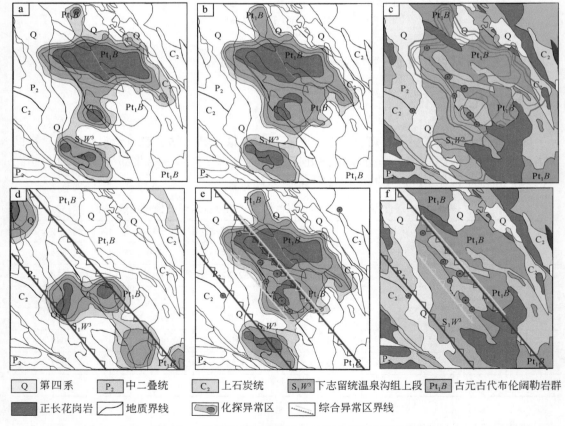

图5-22　塔什库尔干达布达尔地区化探靶区优选图

a—达布达尔地区铁异常图；b—达布达尔地区铁、钴、钒、钛、磷、钠、镁累加值图；c—达布达尔地区铁异常与铁矿关系图；d—达布达尔地区钨、铍、氟、铀、钍、镧、锶累加图；e—达布达尔铁矿区靶区优选图；f—达布达尔铁矿靶区地质矿产图化探成果和前述航磁异常综合判断，最终确定的找矿有利地区结果如图 5-23a 所示，将铁矿靶区缩小到长 48km、宽约 12km 的狭长地带，地质上对应温泉沟群与布伦阔勒岩群的结合部位，该带北止于塔什库尔干断陷，南基本终于燕山晚期二长花岗岩。目前的铁矿找矿新发现，也基本证实了这一推断。我们圈定的铁矿遥感 A 级找矿靶区均位于该带内，与化探成果反映的结论一致，是找矿有利地区。

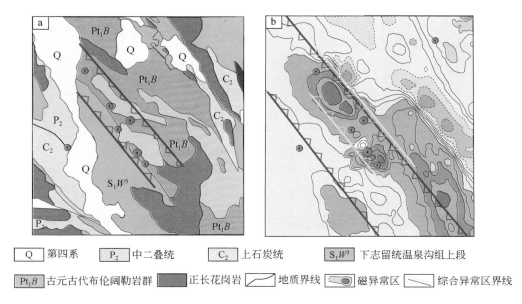

| Q | 第四系 | P₂ | 中二叠统 | C₂ | 上石炭统 | S₁W³ | 下志留统温泉沟组上段 |

Pt₁B　古元古代布伦阔勒岩群　　正长花岗岩　　地质界线　　磁异常区　　综合异常区界线

图 5-23　塔什库尔干铁矿靶区优选图

a—达布达尔铁矿化探优选靶区图；b—达布达尔铁矿综合靶区图（背景为磁异常）

三、野外现场查证

找矿靶区野外现场查证的内容主要包括：影像与矿带或矿体的对应关系，矿体规模、产状、顶底板岩性、矿石特征、矿石品位等。下面分靶区介绍。

1. 叶里克沟铁矿 A 级找矿靶区

叶里克沟上游铁矿点 WorldView-2 图像上铁矿体为灰色夹灰白色斑点状，呈层状条带，与上下围岩界线清楚；快鸟图像上矿体为灰黄色夹褐色斑块状，呈层状条带，上下围岩为蓝色条带，围岩界线清楚（图 5-24）。

靶区位于塔什库尔干县达布达尔乡。出露地层为古元古代布伦阔勒岩群。矿体主要分布于布伦阔勒岩群中，岩性为黑云母片岩、含磁铁石英片岩、石英片岩、黑云斜长片麻岩夹斜长角闪片（麻）岩等。处于塔阿西断裂带东侧，为沉积变质型磁铁矿。

经过对叶里克沟谷上游矿体调查，该处主要出露 1 层矿体（图 5-25a），矿体顶底板为黑云石英片岩、石英片岩等，矿体长度大于 1000m，产状 32°∠33°，矿石矿物主要为磁铁矿，以条带状和稠密浸染状矿石为主；野外采样经检测 TFe 为 13.29%～49.10%（表 5-17）。

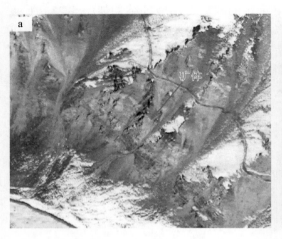

图 5-24　叶里克沟矿体遥感影像

a—WorldView-2 图像；b—快鸟图像

图 5-25　叶里克沟矿体露头（a）及细条带状矿石的光片显微照片（b）

表 5-17　叶里克沟铁矿靶区样品分析结果表　　　　　　（单位:%）

样号	岩性	SiO_2	Al_2O_3	Fe_2O_3	FeO	CaO	MgO	TiO_2	P_2O_5	MnO
YLK01	细条带状磁铁矿石	43.26	9.39	15.01	8.06	8.56	5.20	0.33	0.21	0.74
YLK02	稀疏浸染状磁铁矿石	48.83	16.67	6.79	6.50	3.31	6.42	0.84	0.23	0.11
YLK03	稠密浸染状磁铁矿石	37.64	4.21	28.68	20.42	1.34	3.03	0.20	0.62	0.24
YLK05	磁铁矿化黑云母石英片岩	67.99	12.36	2.94	4.51	1.14	2.41	0.31	0.10	0.05

　　综合物化探异常特征和野外查证结果，可以确定叶里克沟找矿靶区找矿前景较好，目前该区域经新疆维吾尔自治区地质矿产勘查开发局第二地质大队普查已查明铁矿地质储量达 1.5 亿 t，为一大型磁铁矿床。

2. 走克本铁矿 A 级找矿靶区

走克本铁矿矿化带在 WorldView-2 图像上为灰绿色色调，条带状影纹，上下界线清楚；快鸟图像上为褐色色调，呈条带状，上部围岩为灰白相间的条带状，下部围岩为黄色夹灰色条带状（图 5-26）。

图 5-26　走克本沟谷矿化带遥感影像图
a—WorldView-2 图像；b—快鸟图像

靶区位于塔什库尔干塔吉克自治县马尔洋乡。出露地层为古元古代布伦阔勒岩群。矿体主要分布于布伦阔勒岩群中，岩性为黑云母片岩、含磁铁石英片岩、石英片岩、角闪片岩等。处于塔阿西断裂带东侧，为沉积变质型磁铁矿。

野外调查主要矿体分为两层，矿体顶板为黑云石英片岩、黑云斜长片麻岩，矿体呈似层状，不规则带状产出，走克本沟谷南侧走向北西–南东向，倾向南西，倾角 46°。最大 1 层矿体地表断续出露约 3000m，矿体厚度 5 ~ 30m 不等，矿化蚀变强烈，有硅化、褐铁矿化等。矿石矿物主要为磁铁矿，以块状矿石和条带状、稠密浸染状矿石为主（图 5-27），野外采样经检测 TFe 为 14.95% ~ 79.77%（表 5-18）。

图 5-27　走克本铁矿矿带地表露头（a）及条带状矿石光片显微照片（b）

表 5-18　　走克本铁矿靶区样品分析结果表　　　　　（单位:%）

样号	岩性	SiO$_2$	Al$_2$O$_3$	Fe$_2$O$_3$	FeO	CaO	MgO	TiO$_2$	P$_2$O$_5$	MnO
LB04	稀疏浸染状磁铁矿石	57.12	11.10	12.44	5.99	2.70	2.98	0.40	0.13	0.05
LB05	稀疏浸染状磁铁矿石	48.71	4.49	11.43	7.84	11.29	5.98	0.17	0.24	1.20
LB06	角闪黑云斜长片麻岩	48.21	14.63	4.02	10.93	1.78	9.47	1.08	0.20	0.33
LB07	稀疏浸染状磁铁矿石	25.21	1.36	24.45	13.12	16.09	7.52	0.07	0.13	2.31
LB08	条带状磁铁矿石	24.65	2.16	37.06	19.17	6.61	7.48	0.13	0.14	0.22
LB09	条带状磁铁矿石	14.25	1.05	54.63	25.14	1.22	0.46	0.07	0.60	0.15

综合物化探异常特征和野外查证结果，可以确定走克本铁矿找矿靶区找矿前景较好，目前该区域经河南地质调查院普查已初步查明铁矿地质储量达 1.22 亿 t，为一大型磁铁矿床。

3. 吉尔铁克沟铁矿 A 级找矿靶区

吉尔铁克沟谷上游铁矿矿化蚀变带在快鸟影像上呈灰黄色，色调较亮，一般为串珠状、扁豆状、条带状延伸（图 5-28）。

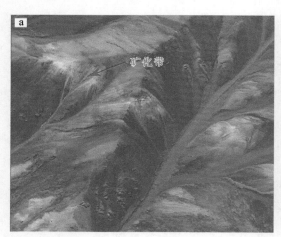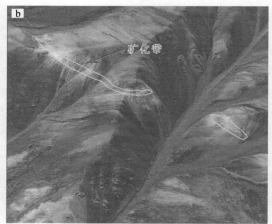

图 5-28　吉尔铁克沟上游矿化带快鸟影像出露特征

吉尔铁克沟铁矿矿体在 WorldView-2 影像上呈灰绿色，色调较亮，一般为扁豆状、条带状延伸（图 5-29）。

靶区位于塔什库尔干县达布达尔乡。出露地层为古元古代布伦阔勒岩群。矿体主要分布于布伦阔勒岩群，岩性为黑云母片岩、含磁铁石英片岩、石英片岩、黑云斜长片麻岩夹斜长角闪片（麻）岩等。处于塔阿西断裂带东侧，为沉积变质型磁铁矿。

野外调查主要矿体分为 3 层，相距 30~50m 不等，矿体厚度一般 5~10m，矿体长度大于 1000m，矿石矿物主要为磁铁矿，以块状矿石和稠密浸染状矿石为主（图 5-30）。矿体顶板为黑云石英片岩、磁铁石英岩等，底板为石英片岩、大理岩，产状 330°∠19°。野

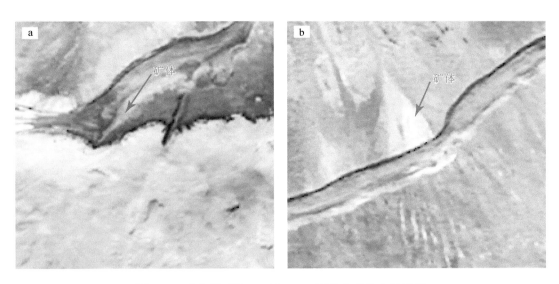

图 5-29　吉尔铁克沟 WorldView-2 图像上矿体出露特征

外采样经检测 TFe 为 20.52%~84.29%（表 5-19）。

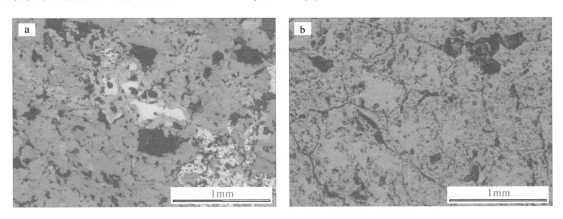

图 5-30　吉尔铁克铁矿石光片显微照片（光片 10×10）

表 5-19　吉尔铁克铁矿靶区样品分析结果表　　　　　（单位:%）

样号	岩性	SiO_2	Al_2O_3	Fe_2O_3	FeO	CaO	MgO	TiO_2	P_2O_5	MnO
D25-04	含磁铁斜长角闪片岩	39.86	12.90	12.45	8.07	15.30	5.23	0.85	0.19	0.58
D26-01	团块-块状磁铁矿石	4.19	0.92	66.19	18.10	1.32	0.53	0.18	0.12	0.11

　　综合物化探异常特征和野外查证结果，可以确定吉尔铁克沟找矿靶区找矿前景较好，目前该区域经新疆维吾尔自治区地质矿产勘查开发局第二地质大队普查已查明铁矿地质储量超 1 亿 t，为一大型磁铁矿床。

4. 赞坎东铁矿 A 级找矿靶区

赞坎东铁矿矿体在 WorldView-2 影像上也呈灰绿色，色调较亮，一般为层状、条带状延伸（图 5-31）。

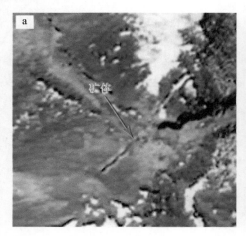

图 5-31 赞坎沟谷 WorldView-2 图像上矿体出露影像特征

靶区位于塔什库尔干县达布达尔乡。出露地层为古元古代布伦阔勒岩群。矿体主要分布于布伦阔勒岩群，岩性为黑云母片岩、含磁铁石英片岩、石英片岩、黑云斜长片麻岩夹斜长角闪片（麻）岩等。处于塔阿西断裂带东侧，为沉积变质型磁铁矿。

野外调查主要矿体分为 2 层，矿体顶板为黑云石英片岩、黑云斜长片麻岩，矿体呈似层状、不规则带状产出，总体走向北西–南东向，倾向北东，倾角 30°~70°，最大 1 层矿体地表断续出露约 1800m，矿体厚度 5~30m 不等，矿化蚀变强烈，有硅化、褐铁矿化等。矿石矿物主要为磁铁矿，以块状矿石和稠密浸染状矿石为主（图 5-32）。野外采样经检测 TFe 为 51.76%~87.60%（表 5-20）。

图 5-32 赞坎东铁矿矿化带地表露头（a）及条带状矿石光片显微照片（b）

表 5-20　赞坎东铁矿靶区样品分析结果表　　　（单位:%）

送样号	岩性	SiO$_2$	Al$_2$O$_3$	Fe$_2$O$_3$	FeO	CaO	MgO	TiO$_2$	P$_2$O$_5$	MnO
ZK006-02	稠密浸染状磁铁矿石	5.51	0.86	62.50	25.10	1.59	0.90	0.50	0.66	0.17
ZK003-03	条带–斑杂状磁铁矿石	16.40	0.76	36.20	15.56	14.83	5.49	0.050	0.15	0.85
ZK004-03	含磁铁斜长角闪片岩	68.40	12.69	2.54	2.09	2.51	0.97	0.42	0.11	0.13
MKE05	条带状磁铁矿石	19.20	1.26	49.21	21.91	0.96	3.49	0.05	0.33	0.33

　　综合物化探异常特征和野外查证结果，可以确定赞坎东找矿靶区找矿前景较好，目前该区域经新疆维吾尔自治区地质矿产勘查开发局第二地质大队普查已查明铁矿地质储量约2.4亿t，为一大型磁铁矿床。

　　以上找矿靶区经查证后均发现矿体，且经后续地质勘查均已成为大型铁矿床，而且区内还有大量的B级、C级靶区其物、化、遥异常非常明显、集中且相互套合，成矿潜力巨大。由于上述矿床和异常均分布在塔什库尔干县南部的达布达尔乡境内，相对集中，因此可作为一个新的矿集区——达布达尔矿集区，该区远景资源量可达15亿t以上。

第六章　黑恰区域矿产遥感解译及靶区优选评价

西昆仑黑恰地区遥感解译主要应用 ETM、Aster、Ikonos 与 Geoeye-1 等数据，利用多元数据、多波段的特性，充分挖掘遥感数据的地质信息，在适量的野外地质调查工作基础上，编制了调查区的区域构造－岩性遥感解译图和遥感找矿预测图，圈定了遥感异常和找矿靶区，主要研究范围介于北纬 35°50′00″～36°30′00″，东经 77°15′00″～78°00′00″。下面从区域矿产（典型矿床、找矿模型研建和靶区优选评价）方面介绍该区遥感解译特征。

第一节　区域矿产遥感解译

一、典型矿床研究

西昆仑—喀喇昆仑地区铁矿除了产于塔什库尔干一带古元古代布伦阔勒岩群中的沉积变质型磁铁矿以外，海相沉积型菱铁矿也是非常重要的铁矿类型，具体分布于布伦口—塔什库尔干—黑黑孜占干一线，长 1000km。海相沉积型菱铁矿主要产于甜水海地块西北部和东南部的志留系温泉沟群中，典型矿床包括切列克其铁矿和黑黑孜占干铁矿等，二者赋矿层位一致，成矿机理类似，成因类型相同。我们对切列克其菱铁矿开展了典型矿床解剖研究，这可以为黑恰地区同类型找矿靶区的圈定提供借鉴。

（一）切列克其铁矿矿区地质

切列克其菱铁矿在 20 世纪 90 年代经过多次普查工作，前人主要对 I、II、III 号矿体进行了地表和深部工程控制，共求得 3 个主矿体资源量 5000 万 t 以上，而切列克其铁矿区外围多被第四系冰碛物覆盖，地质找矿未取得较大突破。自 2010 年以来，新疆地矿局第二地质大队对其北部大面积冰碛物覆盖区采用 1:1 万磁法测量和 1:2000 激电剖面相结合的手段进行地质找矿探索，取得了良好的找矿效果，在原主矿区以外发现了规模较大的新矿体，新增资源量 1 亿 t 以上，并形成新的矿区——切北菱铁矿（图 6-1）。

调查区出露的地层相对简单，主要为中－上志留统达坂沟群（$S_{2-3}D$），为一套经受绿片岩相变质作用的碎屑岩、碳酸盐岩建造，厚几千米，岩性以黑云母石英片岩、绢云母石英片岩和大理岩等为主。矿体呈层状、似层状产出于该套地层中（图 6-2）。根据调查区岩性特征，具体可划分为七个岩性段，矿体主要赋存于前三个岩性段，含矿岩段地质特征为：①第一岩性段（$S_{2-3}D^1$）主要岩性为灰－深灰色黑云母石英片岩、灰色绿泥石化二云母石英片岩，并夹大理岩透镜体；该段主要出露于矿区南部，地层中岩脉较发育，厚度 289.07m，II 号矿体赋存其中。②第二岩性段（$S_{2-3}D^2$）分布于调查区中部，主要岩性

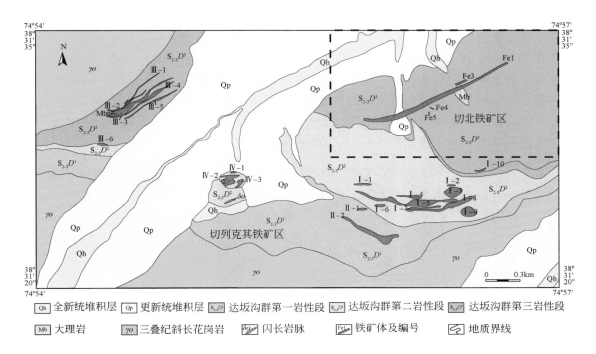

图 6-1　西昆仑切列克其铁矿区域地质略图

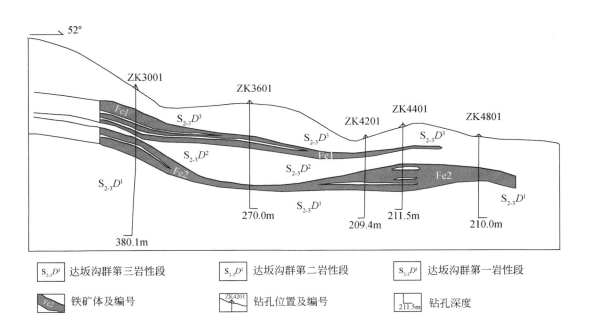

图 6-2　切列克其铁矿 Fe1 与 Fe2 号盲矿体走向形态分布图

为灰白色含石英、白云母大理岩（图6-3a），地层中有较多黑云母石英片岩透镜体产出，地层产状变化较大；该岩性段沿走向向东西两侧厚度逐渐变薄，总体呈大透镜体，厚度超过254.71m，I、IV号矿体群赋存于该岩性段。③第三岩性段（$S_{2-3}D^3$）可进一步细分为两个亚段。下亚段$S_{2-3}D^{3-1}$为灰–深灰色含石榴子石黑云母石英片岩，主要分布于I-10号矿脉上部附近；上亚段$S_{2-3}D^{3-2}$为灰色绿泥石化二云母石英片岩，并夹大理岩透镜体，分布于矿区北东部，位于下亚段$S_{2-3}D^{3-1}$的上部，地表多被坡积物覆盖，该段厚度大于237.41m，为III号矿体群和新发现的隐伏矿体Fe1至Fe5的赋矿层位。

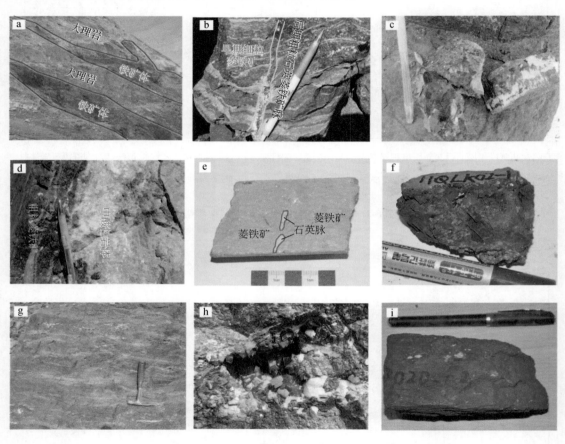

图6-3　切列克其铁矿矿体形态及典型矿石构造

a—大理岩层间的菱铁矿矿体；b—早期沉积形成的条带状细粒菱铁矿被后期粗粒石英菱铁矿脉切穿；c—后期铁白云石化粗粒菱铁矿矿石；d—闪长岩接触带附近粗粒菱铁矿矿体；e—粗粒原生菱铁矿中的石英脉；f—块状菱铁矿；g—条带状菱铁矿；h—晶洞状菱铁矿；i—块状构造赤铁矿（菱铁矿氧化矿石）

　　调查区出露的岩浆岩是三叠纪求库台岩体，岩性单一，为灰白色黑云母斜长花岗岩（γο）及斜长花岗岩脉、斜长花岗伟晶岩和石英闪长岩脉等。岩体顺层或穿层侵入志留纪地层中，在接触带中可见菱铁矿捕房体（图6-3d）；伴随着岩浆活动，矿区内的中酸性岩脉，呈顺层或穿层贯入变质岩及菱铁矿层中，但一般规模小，数量少，对矿体影响不大。

（二）矿体地质

1. 矿体特征

调查区含矿带总体上呈东西向展布于求库台岩体外接触带，带长 4000m，共产出 4 个主矿群和北部隐伏矿体群，分别编号为 I、II、III、IV 及 Fe1~5。I 号矿群主要由 10 条矿体组成；II 号矿群主要由 4 条矿体组成；III 号矿群由 6 条矿体组成，IV 号矿群由 3 条矿体组成（图6-1）。其中 I-5、II-2 和 III-3 号矿体为主要矿体，矿体呈似层状（图6-1）、透镜状，长度 140~605m，平均厚度 1.80~39.92m，全铁品位 38.00%~47.52%。I-5 号矿体赋存于志留系达坂沟群第二岩性段大理岩中（图6-2），II-2 号矿体产出于达坂沟群第一岩性段黑云石英片岩夹白云母片岩中，III-3 号矿体赋存于达坂沟群第三岩性段的云母石英片岩中。Fe1 至 Fe5 号矿体为近年来新发现的规模较大的盲矿体（该组盲矿体构成了切北铁矿区），赋存于中–上志留统达坂沟群第三岩性段的二云母石英片岩中（图6-2），矿体总体走向近东西–北西向，倾向北，倾角在 22°~30°之间，其中 Fe1 号主矿体剖面上总体呈现为西高东低、两端厚大、中部收敛变薄的大香肠状，矿体全铁平均品位 31.23%（图6-2）。

2. 矿石类型

铁矿石主要是菱铁矿石（图6-3e、f），地表菱铁矿石大部分氧化成赤铁矿或褐铁矿（图6-3i）。矿石构造主要有块状、层状、条带状或纹层状构造、假波纹、晶洞、脉状和浸染状构造（图6-3f~h）。块状、层状、条带状或纹层状构造是原始沉积作用形成的，脉状、晶洞状构造出现在后期变质及热液叠加作用形成的矿石中，主要有石英菱铁矿脉和菱铁矿脉（李凤鸣等，2010）。矿石最主要的结构是粒状变晶结构，菱铁矿为半自形中细粒状，白云母为片状，石英多为他形粒状（图6-4d）；其次为粗粒半自形–自形晶结构（图6-4e），在矿区常见，由较自形的菱铁矿（呈菱面体）和少量白云母构成。

矿石矿物主要为菱铁矿（部分被氧化成赤铁矿），矿物含量可达 70%~80% 或更高；脉石矿物主要为石英（10%~25%）、白云母（3%~5%）和少量黄铁矿、石墨、电气石、磷灰石等。矿石中菱铁矿呈酱紫色、褐红色，少数灰黄色，浅黄白色、浅白色，在地表及浅部菱铁矿被氧化成赤、褐铁矿，但仍然保留着菱铁矿特有的菱形解理（图6-4f，图6-5a），呈半自形–自形粒状变晶结构，粒度变化大；变质程度较弱的菱铁矿粒度较细，一般

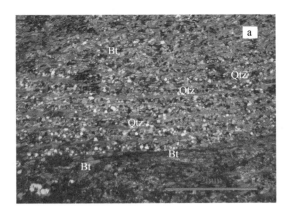

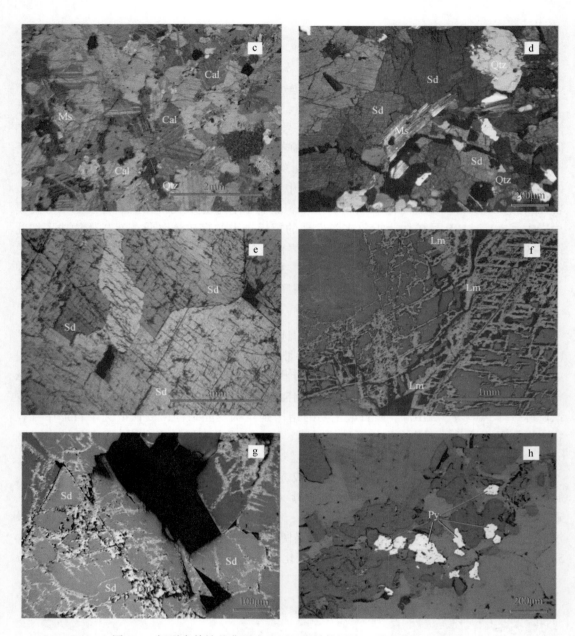

图 6-4　切列克其铁矿典型岩矿石显微结构照片（乔耿彪等，2016）

a—黑云母石英片岩中黑云母及石英定向排列（薄片+）；b—含白云母粉砂方解石片岩中方解石矿物晶体呈拉长粒状定向排列（薄片+）；c—大理岩的不等粒变晶结构（薄片+）；d—菱铁矿及石英二者自形程度高且石英不等粒（薄片+）；e—菱铁矿沿解理析出铁质（薄片+）；f—菱铁矿被褐铁矿交代（光片+）；g—自形粗粒菱铁矿菱形解理构成晶洞并被氧化铁质交代（光片+）；h—菱铁矿石中产出自形粒状黄铁矿（光片+）。Sd—菱铁矿；Lm—褐铁矿；Py—黄铁矿；Cal—方解石；Qtz—石英；Bt—黑云母；Ms—白云母为 0.1 ~ 0.5mm；粗晶菱铁矿是变质–重结晶作用的产物，粒度一般 0.5 ~ 1.0mm，有些可达 5mm 左右；菱铁矿有时包含石英、电气石等子矿物。石英呈灰色，他形粒状，粒径一般 0.05 ~ 0.3mm，多呈不规则至次浑圆状，少数可达 4mm 左右；石英多零星分布在菱铁矿晶体间（图 6-4d）。白云母为灰–灰白色，片状，大小一般为 0.05 ~ 0.85mm，少数可达 1.7mm；白云母多零星分布在菱铁矿晶体间（图 6-4d）。在矿石中白云母与石英可构成微条带状或纹层状（图 6-3b）。黄铁矿呈他形粒状（图 6-5b），粒径一般在 0.25mm 左右，在含黄铁矿白云母石英条带中含量可达 7%。黄铁矿除了少量与黄铜矿伴生外，其主要呈浸染状与石英和白云母构成条带分布在矿体及围岩中，常见条带互层产出，为矿床同生沉积成因提供了有利的佐证（图 6-4h）。铁白云石主要作为矿体中的夹层或矿体围岩产出（图 6-3c）。

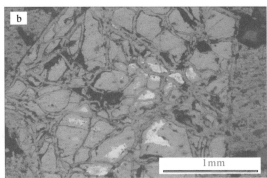

图 6-5　菱铁矿典型矿石显微照片

a—胶状氧化铁质承袭菱铁矿轮廓（光片）；b—自形粒状黄铁矿氧化被褐铁矿替代（光片）

（三）围岩蚀变特征

调查区围岩蚀变较弱，有绿泥石化、绢云母化、硅化、菱铁矿化和碳酸盐化，其中菱铁矿化和硅化对矿体具一定影响。菱铁矿化表现为一方面热液沿矿层裂隙溶蚀并重新充填形成晶洞，另一方面由热液带来的铁质呈脉状充填在矿层中，使铁矿更加富集；硅化使铁矿石贫化，但影响不大。

（四）矿床地球化学特征

我们对切列克其铁矿主要岩矿石进行了地球化学分析，元素分析均由自然资源部西北矿产资源监督检测中心测试完成。主要以矿区原生矿石、氧化矿石和围岩等为分析对象，采用 X 荧光光谱仪和等离子体质谱仪（ICP-MS）对其主量、微量、稀土元素含量进行了测定，并系统分析了不同矿石类型、围岩的地球化学特征。

1. 主量元素特征

主量元素分析表明（表 6-1），切列克其菱铁矿石中 SiO_2 的含量为 7.82% ~ 20.57%，平均 9.67%，TFe（Fe_2O_3+FeO）含量为 38.80% ~ 61.50%，氧化菱铁矿石（即赤铁矿化菱铁矿石，下同）的 Fe_2O_3 更高，为 62.31%~77.78%；菱铁矿石中 Al_2O_3、Na_2O、TiO_2 和 P_2O_5 的含量均较低，Al_2O_3 含量为 0.31%~1.98%，Na_2O 含量为 0.05%~0.16%，TiO_2 含量为 0.02%~0.30%，P_2O_5 含量为 0.01%~0.13%；MnO 的含量居中，为 1.53%~2.18%。

2. 微量元素特征

对不同类型铁矿石和围岩样品的微量元素进行分析，结果如表 6-2 所示，微量元素用北美页岩进行标准化，标准化后的微量元素配分蛛网图见图 6-6a~e。从表 6-2 和图 6-6 中可以明显看出不同岩性的微量元素特征和分布型式差异较大，反映出其微量元素来源复杂，但是同一类型样品的曲线变化特征总体趋势一致，具有一致的富集和亏损特征。菱铁矿石样品具有 Ni、Co、Ba、Th、Sr、Y 呈正异常，Cr、Rb、Nb、Zr、Hf 呈负异常特征（图 6-6a）；围岩中的变细粒砂岩和石英片岩类微量元素含量较高，曲线特征一致（图 6-6e）；方解石片岩和大理岩样品曲线模式非常一致，表明它们具有相同的物质来源（图 6-6c）。

3. 稀土元素特征

切列克其菱铁矿样品的稀土总量较低（表 6-2），$\sum REE$ 含量为 10.01×10^{-6}~49.90×10^{-6}，LREE/HREE 值为 0.70~5.92，$(La/Yb)_S$ 值为 0.05~0.84，显示轻稀土明显亏损，稀土配分曲线具有左倾的特点（图 6-6b），δEu 值为 1.54~3.04，均具有较明显的正 Eu 异常，δCe 值为 0.90~0.99，Ce 异常不明显，这与 Fleet（1983）发现的热水沉积岩经北美页岩标准化后稀土配分曲线具有左倾特点相一致。

4. 稳定同位素特征

稳定同位素是成矿物质来源、成矿物理化学条件、成矿机制和演化历史的有效指示剂。我们针对菱铁矿石和大理岩挑选单矿物菱铁矿、方解石，开展了 C、O 和 H 同位素测试，测试由核工业北京地质研究院检测完成，分析结果见表 6-3。

以 PDB 标准表示的氧同位素值通过 $\delta^{18}O$ 不同标准变化公式 $\delta^{18}O_{SMOW} = 1.03091\delta^{18}O_{PDB} + 30.91$（Friedman et al.，1977）对已测得的数据进行换算，获得标准平均海水值（SMOW）。表中可见菱铁矿 $\delta^{13}C$ 值介于 $-6.5‰$~$-4.6‰$ 之间，而方解石均为正值；$\delta^{18}O_{SMOW}$ 值变化于 14.4‰~16.8‰，均低于方解石的相应值；δD_{SMOW} 值为 $-104.5‰$~$-49.1‰$。

（五）矿床成因

1. 成矿环境

切列克其铁矿区的主要赋矿地层均为中–上志留统达坂沟群（$S_{2-3}D$），其岩性为黑云母石英片岩、绢云母石英片岩和大理岩等。据新疆成矿地质背景研究报告认为，达坂沟群原岩为中层–厚层状长石石英砂岩夹薄层状粉砂岩，顶部为灰色薄层状灰岩等，代表了陆棚碎屑滨浅海相沉积环境。MnO/TiO_2 值也可以较好地反映古沉积地理环境（Murray，1994；何俊国等，2009）。因为岩石中的低价锰（Mn^{2+}）可以形成易溶且稳定的化合物转入溶液，而 Ti 是比较稳定的元素，一般不形成可溶化合物转入溶液，因而在风化、搬运过程中，Mn 可随着海流作用带到海水中富集起来，Ti 则在此过程中被遗留在原地使溶液

表6-1 切列克其菱铁矿床岩矿石样品的主量元素测试结果及部分特征指标

样品号	11Q02-2	11Q06	11Q08	D20-03	D20-031	D20-032	D20-033	D22-02	11Q02-1	D21-01	D21-02	D23-01	13Q01	13Q02	11Q05	D22-01	D20-01	D20-02
岩性	变细粒砂岩	黑云母石英片岩		赤铁矿化菱铁矿石					菱铁矿石						含白云母大理岩		大理岩	
SiO_2/%	63.72	57.17	58.66	23.57	6.67	14.74	9.68	8.34	14.43	10.28	7.82	8.07	15.17	20.57	8.09	7.11	17.62	6.52
Al_2O_3/%	13.39	18.29	15.80	1.38	0.66	1.74	1.74	1.98	0.31	2.03	1.20	1.82	3.54	5.27	2.56	1.81	4.83	1.53
Fe_2O_3/%	4.54	0.97	3.57	62.31	77.78	72.12	76.04	42.86	25.60	17.68	12.27	10.55	2.58	4.58	0.00	1.71	0.09	0.00
FeO/%	4.27	6.14	2.35	0.00	0.00	0.00	0.00	18.64	28.90	35.23	40.98	39.45	39.74	34.22	1.46	1.00	2.15	1.02
CaO/%	1.30	4.88	2.54	1.15	0.51	0.27	0.76	0.85	0.78	0.48	0.74	0.70	1.07	1.16	48.69	48.63	41.62	50.53
MgO/%	0.95	3.49	3.02	1.21	0.81	0.56	0.78	2.13	2.28	3.13	3.05	3.99	3.71	2.38	1.03	1.27	1.25	0.80
K_2O/%	4.26	3.30	7.90	0.19	0.19	0.55	0.52	0.65	0.05	0.54	0.36	0.49	1.14	1.47	0.40	0.39	0.89	0.27
Na_2O/%	0.13	2.42	1.48	0.08	0.05	0.09	0.09	0.12	0.05	0.06	0.10	0.16	0.08	0.09	0.15	0.07	0.60	0.16
TiO_2/%	0.60	0.89	0.76	0.04	0.02	0.07	0.07	0.15	0.02	0.07	0.04	0.09	0.13	0.30	0.12	0.13	0.21	0.07
P_2O_5/%	0.19	0.15	0.11	0.04	0.02	0.04	0.04	0.02	0.01	0.03	0.02	0.03	0.03	0.13	0.06	0.06	0.05	0.04
MnO/%	0.25	0.10	0.08	1.85	2.53	1.95	2.15	2.15	1.73	1.98	1.76	2.18	1.53	2.01	0.05	0.07	0.04	0.08
LOI/%	6.31	1.93	3.50	0.01	11.29	9.02	8.79	21.49	25.36	28.50	32.05	32.23	31.18	49.28	37.39	37.75	30.63	39.07
总量/%	99.91	99.73	99.77	91.83	100.53	101.15	100.67	99.38	99.52	100.01	100.39	99.75	99.90	121.46	100.00	100.00	99.98	100.09
$SiO_2/(K_2O+Na_2O)$	14.51	9.99	6.25	86.65	27.45	22.92	15.77	10.83	144.30	17.13	17.15	12.42	12.43	13.19	14.71	15.52	11.83	15.16
MnO/TiO_2	0.42	0.11	0.11	47.44	140.56	27.46	30.28	14.33	86.50	28.29	40.00	24.77	11.77	6.70	0.42	0.55	0.19	1.14
$Al_2O_3/(Al_2O_3+Fe_2O_3)$	0.75	0.95	0.82	0.02	0.01	0.02	0.02	0.04	0.01	0.10	0.09	0.15	0.58	0.54	1.00	0.51	0.98	1.00
Fe_2O_3/TiO_2	7.57	1.09	4.70	1597.69	4321.11	1015.77	1070.99	285.73	1280.00	252.57	278.86	119.89	19.85	15.27	0.00	13.15	0.43	0.00
Fe/Ti	18.08	10.24	9.50	1863.97	5041.30	1185.07	1249.48	494.90	3371.83	948.94	1536.11	722.65	420.55	166.10	15.82	25.35	13.81	18.94
(Fe+Mn)/Ti	18.61	10.38	9.64	1924.85	5221.68	1220.32	1288.35	513.30	3482.84	985.24	1587.45	754.44	435.66	174.70	16.35	26.05	14.05	20.41
Al/(Al+Fe+Mn)	0.51	0.64	0.66	0.02	0.01	0.02	0.02	0.02	0.00	0.03	0.01	0.02	0.05	0.08	0.54	0.32	0.59	0.49

注：样品分析由自然资源部岩浆作用成矿与找矿重点实验室测试中心完成。

表 6-2 切列克其菱铁矿床矿石样品的微量元素测试结果及部分特征指标

样品号	11Q02-2	11Q06	11Q08	D20-03	D20-031	D20-032	D20-033	D22-02	D21-01	D21-02	13Q01	13Q02	D22-01	D20-01	D20-02
岩性	变细粒砂岩	黑云母石英片岩	黑云母石英片岩	赤铁矿化菱铁矿石	赤铁矿化菱铁矿石	赤铁矿化菱铁矿石	赤铁矿化菱铁矿石	菱铁矿石	菱铁矿石	菱铁矿石	菱铁矿石	菱铁矿石	含白云母大理岩	大理岩	大理岩
Cu/10⁻⁶	1250	40.9	60.8	—	—	—	—	—	110.0	—	14.6	19.9	—	74.4	23.4
Cr/10⁻⁶	18.7	118	74.0	8.00	3.73	10.3	9.94	19.7	8.38	7.42	18.4	30.6	16.4	26.5	7.32
Ni/10⁻⁶	22.2	72.7	13.8	32.3	18.9	13.0	34.8	16.1	26.5	24.0	39.4	48.9	12.8	22.6	15.7
Co/10⁻⁶	8.00	22.0	8.38	8.46	3.36	5.31	9.28	3.76	9.12	4.40	23.6	58.2	4.60	11.2	5.97
Rb/10⁻⁶	140	190	263	7.43	6.81	17.5	15.8	18.8	20.6	11.8	36.4	58.7	14.2	33.2	9.44
Mo/10⁻⁶	0.59	0.70	2.40	6.33	1.17	3.61	3.28	0.09	0.37	1.30	1.36	4.02	1.78	1.62	0.51
Sr/10⁻⁶	38.1	848	1100	22.2	12.4	40.4	49.9	18.3	19.8	13.7	34.8	37.7	1370	2250	1350
Ba/10⁻⁶	321	854	936	49.5	67.4	65.4	121	58.7	86.1	84.8	76.4	180	49.8	166	67.4
V/10⁻⁶	64.9	165	157	28.1	15.9	26.9	119	35.2	11.8	23.2	33.8	53.8	24.6	40.7	9.28
Sc/10⁻⁶	8.96	19.1	14.0	2.34	1.80	2.53	12.1	6.10	2.37	2.24	3.76	5.53	3.91	6.04	3.57
Nb/10⁻⁶	8.78	16.8	14.7	1.69	1.0	2.47	2.42	2.76	2.76	1.62	4.06	7.84	3.36	5.05	1.62
Ta/10⁻⁶	—	—	—	0.12	0.10	0.17	0.15	0.23	0.28	0.094	0.35	0.63	0.58	0.46	0.16
Zr/10⁻⁶	147	156	143	16.5	9.13	19.8	20.5	11.2	13.7	14.9	24.8	43.2	20.4	38.5	11.2
Hf/10⁻⁶	3.77	4.21	3.84	0.24	0.14	0.37	0.42	0.31	0.38	0.30	0.66	1.18	0.28	1.06	0.28
Be/10⁻⁶	2.62	3.37	1.65	0.23	0.29	0.53	0.79	0.70	0.63	0.38	0.74	1.03	0.17	0.86	0.43
Ga/10⁻⁶	14.7	22.6	19.8	7.64	8.24	7.95	10.7	5.27	10.3	7.52	11.1	15.7	2.55	5.81	1.86
Sn/10⁻⁶	2.49	2.28	2.49	1.07	1.46	1.08	2.75	4.91	2.21	1.90	1.57	1.89	0.65	1.27	0.85
Th/10⁻⁶	7.19	14.6	11.7	0.73	0.64	1.29	0.76	0.93	1.41	0.92	1.61	4.97	1.40	3.73	0.83
U/10⁻⁶	4.66	5.67	6.49	—	—	—	—	—	6.90	—	0.83	1.37	—	1.43	0.52
Y/10⁻⁶	25.5	32.2	11.3	5.41	26.1	8.78	11.0	10.8	7.44	10.4	16.0	11.9	7.89	8.09	10.2

续表

样品号	11Q02-2	11Q06	11Q08	D20-03	D20-031	D20-032	D20-033	D22-02	D21-01	D21-02	13Q01	13Q02	D22-01	D20-01	D20-02
La/10^{-6}	28.3	54.9	33.7	1.34	0.66	1.49	0.99	1.01	0.64	0.64	1.16	9.99	11.3	13.2	8.23
Ce/10^{-6}	61.2	108	60.0	3.19	2.14	4.17	3.17	2.49	1.78	1.32	2.83	19.2	18.9	26.2	14.4
Pr/10^{-6}	7.47	12.3	6.69	0.44	0.40	0.67	0.59	0.39	0.30	0.19	0.41	2.29	2.34	2.96	1.52
Nd/10^{-6}	30.4	47.1	23.5	2.15	2.49	3.38	2.99	1.60	1.87	0.98	2.10	8.47	8.67	10.3	5.24
Sm/10^{-6}	6.58	9.23	3.85	0.71	1.90	1.21	1.26	0.73	0.84	0.53	0.96	1.84	1.65	2.22	1.25
Eu/10^{-6}	1.80	1.34	0.70	0.29	1.41	0.52	0.44	0.63	0.49	0.46	0.78	0.90	0.35	0.54	0.37
Gd/10^{-6}	0.77	1.07	0.40	0.80	3.37	1.35	1.43	1.52	1.24	0.95	1.76	1.89	1.49	1.94	1.38
Tb/10^{-6}	5.59	6.88	3.02	0.14	0.68	0.21	0.24	0.29	0.21	0.21	0.34	0.33	0.22	0.29	0.22
Dy/10^{-6}	4.55	6.34	2.24	0.86	4.34	1.55	1.72	1.75	1.25	1.63	2.36	1.96	1.24	1.65	1.39
Ho/10^{-6}	0.88	1.24	0.48	0.20	0.92	0.32	0.42	0.36	0.25	0.42	0.54	0.40	0.24	0.31	0.29
Er/10^{-6}	2.39	3.22	1.42	0.52	1.97	0.74	1.05	1.11	0.67	1.14	1.59	1.16	0.58	0.85	0.82
Tm/10^{-6}	0.36	0.48	0.24	0.092	0.23	0.095	0.17	0.15	0.098	0.18	0.24	0.17	0.083	0.13	0.12
Yb/10^{-6}	2.26	2.84	1.57	0.55	1.24	0.75	1.20	0.85	0.60	1.18	1.56	1.12	0.54	0.81	0.79
Lu/10^{-6}	0.33	0.42	0.23	0.10	0.16	0.091	0.16	0.12	0.091	0.18	0.23	0.18	0.081	0.12	0.12
ΣREE/10^{-6}	152.88	255.36	138.04	11.38	21.91	16.55	15.83	13.00	10.33	10.01	16.86	49.90	47.68	61.52	36.14
LREE/10^{-6}	135.75	232.87	128.44	8.12	9.00	11.44	9.44	6.85	5.92	4.12	8.24	42.69	43.21	55.42	31.01
HREE/10^{-6}	17.13	22.49	9.60	3.26	12.91	5.11	6.39	6.15	4.41	5.89	8.62	7.21	4.47	6.10	5.13
LREE/HREE	7.92	10.35	13.38	2.49	0.70	2.24	1.48	1.11	1.34	0.70	0.96	5.92	9.66	9.09	6.04
(La/Yb)$_S$	1.18	1.82	2.02	0.23	0.05	0.19	0.08	0.11	0.10	0.05	0.07	0.84	1.97	1.54	0.98
δEu	3.75	2.00	2.65	1.81	2.62	1.91	1.54	2.81	2.25	3.04	2.82	2.27	1.05	1.22	1.32
δCe	1.00	0.99	0.95	0.99	0.99	0.99	0.98	0.94	0.96	0.90	0.97	0.95	0.87	0.99	0.97

注：样品测试由自然资源部浆作用成矿与找矿重点实验室测试中心完成，"—"表示未分析，(La/Yb)$_S$代表北美页岩标准化数据。

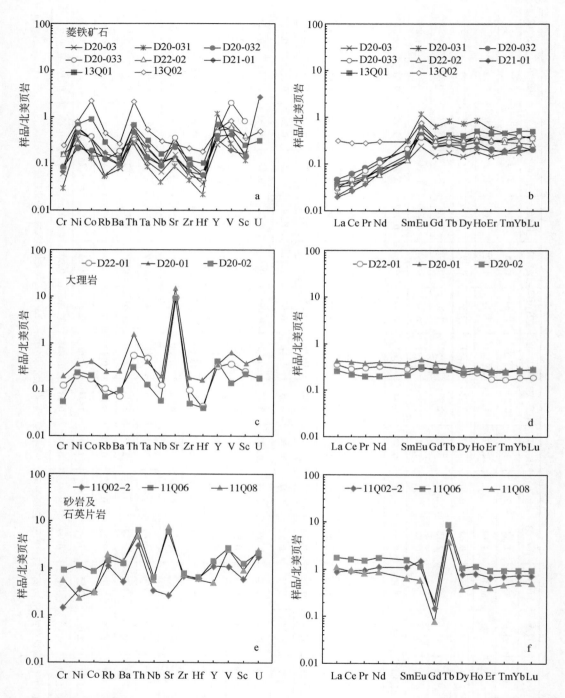

图6-6　切列克其铁矿岩矿石样品的微量元素（a、c、e）与稀土元素（b、d、f）北美页岩标准化配分蛛网图（标准化数据 Nb、Y、V 采用 Taylor and McLennan，1981 平均上部地壳数据；其他元素采用 Gromet et al.，1984 北美页岩数据）

表6-3 切列克其菱铁矿床碳、氧、氢同位素组成 （单位:‰）

序号	样品编号	岩性	测定矿物	$\delta^{13}C_{PDB}$	$\delta^{18}O_{PDB}$	$\delta^{18}O_{SMOW}$	δD_{SMOW}
1	D023-01	菱铁矿	菱铁矿石	-4.6	-13.7	16.8*	-93.2
2	D022-02	菱铁矿	菱铁矿石	-6.2	-15.5	14.9*	-87.3
3	D021-01	菱铁矿	菱铁矿石	-5.5	-15.1	15.3*	-103.6
4	11QLK02-1	菱铁矿	菱铁矿石	-6.4	-15.8	14.6*	-104.5
5	13QLK01	菱铁矿	菱铁矿石	-5.6	-15.7	14.7*	-56.4
6	13QLK02	菱铁矿	菱铁矿石	-6.5	-16	14.4*	-49.1
7	D022-01-1	大理岩	方解石	4.9	-7.5	23.2*	-86.5
8	D020-01	大理石	方解石	2.2	-8.7	21.9*	-68.7

注：测试由核工业北京地质研究院检测完成，带"*"号数据为换算值。

中的含量相对较低，从而使 MnO/TiO$_2$ 值显著增高（江纳言等，1994；谢建成等，2006；杜小伟等，2009）。MnO 可以看作是深海物质来源的标志，而 TiO$_2$ 更多来自陆源沉积物。如果 MnO/TiO$_2$ 值比较低，小于 0.5，反映为大陆斜坡上近陆的边缘海沉积环境；如果 MnO/TiO$_2$ 值比较高，在 0.5~3.5，反映为远离大陆的远洋沉积环境（Yamamoto，1987；Adachi et al.，1986）。本区氧化菱铁矿石的 MnO/TiO$_2$ 值为 27.46~140.56，菱铁矿石样品的 MnO/TiO$_2$ 值为 6.70~86.50（表6-1），均远高于 3.5，表现为海洋沉积环境（深度较大）。根据判别沉积环境的 Na-Mg 判别图（图6-7a），本区氧化菱铁矿石样品投点均落入淡水区，而菱铁矿石投点则落入海深较大的浅海–海洋范围内，与前述结论一致。

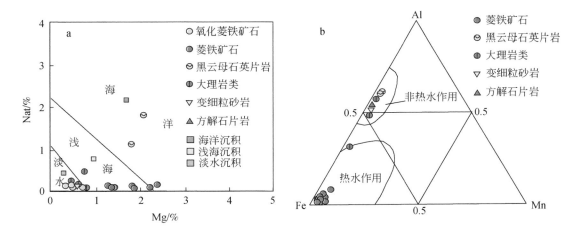

图6-7 反映沉积成因的 Na-Mg 判别图和 Al-Fe-Mn 图解（依据 Nichlson，1992a，1992b）

切列克其菱铁矿区在微条带状或纹层状菱铁矿层中普遍出现泥质（白云母）层和石英层；菱铁矿矿物晶体呈粒状或菱形状且大小不等，而且石英晶体自形程度也很高，形态多呈自形粒状，可见生长纹，大小不一，显示出热水沉积特点。岩矿石的一系列地球化学特征也显示出热水沉积特征。

（1）通常 TiO_2 和 Al_2O_3 的含量随陆源成分的增加而升高，如果沉积物样品 $Fe/Ti>20$，$Al/（Al+Fe+Mn）<0.35$，则沉积物主要来源于海底热水流体（Yamamoto，1987），而受陆源组分的影响较小。我们获得的菱铁矿石、氧化菱铁矿石和大理岩中的 TiO_2 含量均非常低，最高仅 0.30%，Al_2O_3 含量也不高，大部分低于 2.0%（表 6-1），说明菱铁矿中陆源组分含量较少；矿石样品的 Fe/Ti 值均远大于 20，为 166.10 ~ 3371.83；$Al/（Al+Fe+Mn）$ 值均小于 0.35，介于 0 ~ 0.08（表 6-1），与典型海底热水沉积特征一致。在 Al-Fe-Mn 三角图解上（图 6-7b），矿石样品投点大部分落在了热水作用沉积区域，表明了热水沉积特征。在岩矿石微量元素 Zr-Cr 图解中，菱铁矿石样品投点均位于现代热水沉积物的趋势线范围下（图 6-8），也说明成矿与海底热水沉积关系密切（高军波等，2015；洪浩澜等，2015）。

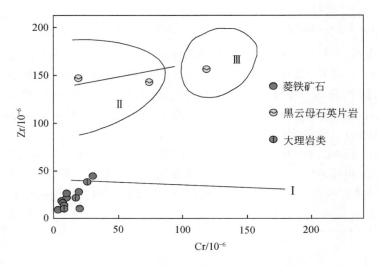

图 6-8　切列克其铁矿区含铁岩系的 Zr-Cr 图解
I—现代热水沉积物的趋势线；II—现代水成沉积物的趋势线及集中区；III—现代水成含金属沉积物分布区

（2）一般来讲，正常沉积的碳酸盐岩在海水中主要受生物扰动，而生物扰动不会引起稀土的分异，所以海水的稀土配分模式可作为正常沉积碳酸盐的配分模式（Brookins，1989）。正常海水沉积相的稀土曲线为明显的 Ce 负异常，弱 Eu 负异常，而切列克其菱铁矿的稀土显示正 Eu 异常，含矿围岩也有弱正 Eu 异常，Ce 异常不明显（图 6-6b、d、f），因此切列克其菱铁矿并非正常沉积成因。切列克其菱铁矿正 Eu 异常的原因是 Eu 以 Eu^{2+} 形式存在才可形成正铕异常，而常温下 Eu^{2+} 一般难以存在（Brookins，1989），只有极端还原条件下才能由 Eu^{3+} 转化而成（丁振举等，2000），在高温时（>200℃），Eu 即以 Eu^{2+} 为主（Sverjensky，1984），溶液中 Eu^{2+} 浓度增加，便可形成正 Eu 异常。所以正 Eu 异常表明菱铁矿并不是正常的沉积，而是在热水喷流（>200℃）环境中形成。另外，与热水沉积型菱铁矿不同的是，切列克其菱铁矿亏损轻稀土的趋势更明显（图 6-6b），而这种现象的出现主要是菱铁矿在后期受到了明显的热液作用，热液淋滤了轻稀土元素，导致轻稀土强烈亏损。因此，切列克其矿区菱铁矿不是正常沉积成矿，而是热水沉积菱铁矿，并具有后期热液淋滤的特点。

（3）在 $\delta^{13}C_{PDB}$-$\delta^{18}O_{SMOW}$ 成因图解中投图（图6-9a）可以看出，该矿床菱铁矿的碳氧同位素组成都比较均一，碳氧同位素结果的6个投影点集中分布，构成了紧密的一个组。它们的分布区既不同于岩浆热液碳酸盐，也不同于正常海相沉积碳酸盐。切列克其菱铁矿氢、氧同位素在 $\delta^{18}O_{SMOW}$-δD_{SMOW} 图解（图6-9b）的投点也表明，菱铁矿的流体以大气水或地层水为主，但是岩浆水的参与略微改变了成矿流体中的 $\delta^{18}O$ 和 δD 值，使部分流体性质发生了改变，局部也有变质水的参与，也反映了叠加成因特点。

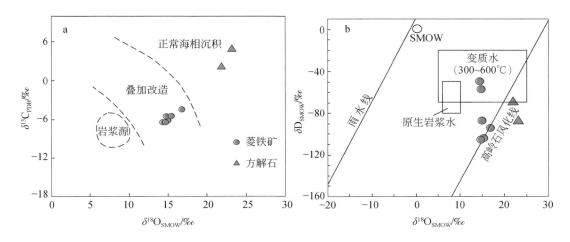

图6-9　切列克其铁矿床碳酸盐岩矿物的碳氢氧同位素成因图解

（a 据臧文拴等，2004；b 据 Sheppard and Gustafson，1976）

2. 成矿作用

切列克其菱铁矿的主要矿体呈层状、似层状和透镜状，走向与倾向延深稳定，与上下盘围岩顺层接触，原始沉积特征保存较好；矿石主要表现为自形-半自形细粒状变晶结构和块状、层状、微条带状或纹层状构造，矿石矿物组合简单，为长英质或泥质+细粒菱铁矿，说明主要矿体形成于沉积成岩作用。

矿区内主矿体在成矿后经历了区域变质作用，使得原生沉积菱铁矿及石英发生重结晶，矿物粒度进一步变大，成矿物质进一步富集，但原始的矿体形态和品位等变化不大。在三叠纪晚期随着岩体侵位的发生，岩浆期后热液活动在岩石、矿石裂隙中形成充填型的菱铁矿矿脉和石英菱铁矿矿脉，这一过程中矿床受热液改造作用，但对矿床质量的影响是微弱的、不具有普遍性，矿床的原始沉积特征仍清楚地保留。

综上所述，研究认为切列克其菱铁矿床属于海相热水沉积型矿床，并有后期热液叠加作用改造。

（六）成矿期次及成矿模式

根据成矿地质特征、矿石矿物组成及特点和结构构造等特征，切列克其菱铁矿的成矿主要经历了沉积成岩成矿期、区域变质改造期和岩浆热液叠加改造期三个时期，成矿后埋深较浅和出露地表的部位受到表生风化而形成氧化矿石。主要成矿作用阶段的成矿过程分析如下。

1. 沉积成岩成矿期

调查区处于北羌塘塔什库尔干陆块的西北缘，在古生代该区处于缓慢沉降时期，形成了浅海海盆，早志留世含大量铁质的陆源物质被搬运到海盆中，沉积了浅海相碎屑岩-碳酸盐岩（达坂沟群地层），并出现了海进海退交替的还原环境，沉积形成了条带状菱铁矿层；该阶段形成的矿石主要表现为自形-半自形细粒状变晶结构和层状构造、条带状或纹层状构造，矿石矿物组合简单，为长英质泥质+细粒菱铁矿，受成岩作用和埋藏变质作用影响，原始沉积特征被置换，普遍具细粒变晶结构特点。

2. 区域变质期

区域变质改造作用主要发生在印支期早期，该成矿期矿石主要表现为中粗粒自形-半自形变晶结构和块状、晶洞、脉状、浸染状构造，矿石矿物组合较复杂，为菱铁矿-黄铁矿（黄铜矿）-白云母-石英。矿床在区域变质作用影响下，一方面使原生沉积菱铁矿及石英发生重结晶（矿物粒度变大，进一步富集），另一方面与菱铁矿同时沉积的泥质、碳质形成白云母、石墨。在区域变质作用中，局部地段矿层与围岩发生同步褶皱，矿层发生不规模的层间滑动。该时期矿床所受到的区域变质作用对矿床特征和质量影响不大。

3. 岩浆热液叠加改造期

调查区内所见岩浆岩形成较晚，根据对斜长花岗岩的锆石 U-Pb 测试获得其形成时代为 217.7±2.1Ma（未发表数据），因此该期成矿作用主要发生在晚三叠世。在矿层及围岩中，可见沿岩石、矿石裂隙充填的菱铁矿矿脉和石英菱铁矿矿脉，这是由岩浆期后热液活动造成的，其对原生沉积菱铁矿的改造主要有两个方面：一是热液溶菱铁矿，使铁质发生再活动，并在有利的裂隙部位形成充填型矿脉；二是岩浆热液本身带有的铁质，在裂隙中充填形成次生矿脉，这在区域上存在热液型菱铁矿矿点也可以得到证实。矿床受热液改造作用，但对矿床质量的影响是微弱的、不具有普遍性，矿床的原始沉积特征仍清楚地保留着。

4. 表生风化期

该矿床受后期风化氧化作用较弱，仅矿体露头有少量赤铁矿化、褐铁矿化及孔雀石，其对矿石的富集和贫化没有太大的影响。主要矿物形成期次见表6-4。成矿要素见表6-5。

表 6-4 切列克其铁矿主要矿物生成期次一览表

矿物	沉积成岩成矿期	区域变质期	岩浆热液改造期	表生风化期
菱铁矿	▬▬▬▬	▬▬▬	▬▬	
赤铁矿	▬▬			▬▬
黄铁矿		▬▬▬	▬▬	
黄铜矿			▬▬	
褐铁矿				▬▬
石英	▬▬▬	▬▬▬	▬▬	

矿物	沉积成岩成矿期	区域变质期	岩浆热液改造期	表生风化期
白云母	▬	▬	▬	
绢云母		▬	▬	
铁白云石	▬	▬		
方解石	▬	▬		
电气石			▬	
磷灰石			▬	
孔雀石				▬
绿泥石		▬		
石墨		▬		

表 6-5　切列克其菱铁矿成矿要素表

成矿要素		具体特征	成矿要素分类
地质环境	岩石类型	原岩为陆缘碎屑岩夹含石英、泥质碳酸盐岩，后期变质形成中-浅变质的片岩及含石英白云母大理岩、大理岩	必要
	岩石结构	粒状变晶结构	次要
	成矿时代	早志留世	次要
	成矿环境	浅海相海进沉积环境，赋矿地层为下志留统中-浅变质岩系	重要
	构造背景	华南板块、羌塘微板块、阿克赛钦古生代的陆缘盆地，近陆一侧	次要
矿床特征	矿物组合	金属矿物以菱铁矿、褐铁矿为主，次为黄铁矿、黄铜矿，以及孔雀石；非金属矿物有铁白云石、石英、白云母、石墨等	重要
	结构构造	自形-半自形结构；层状、块状及条带状或纹层状构造	次要
	蚀变	褐铁矿化、绿泥石化、绢云母化、硅化、碳酸盐化	次要
	风化	褐铁矿（化）体（层）、局部具孔雀石化等铜矿化	次要
	控矿条件	浅海相海进沉积系列底部和下部；碎屑岩与碳酸盐岩的过渡带；侵入岩与地层外接触带附近；层控线状构造	必要
	成因类型	沉积改造型菱铁矿	重要
	平均品位	41.86%~46.61%	次要
	资源储量	1 亿 t 以上	次要

（七）菱铁矿找矿模型

构建找矿模型主要是建立矿床的找矿标志，为下一步寻找同类型的矿床提供指导，主要包括直接找矿标志和间接找矿标志。

1. 岩石、矿化标志

（1）矿（化）体露头是最直接的找矿标志，矿（化）体从远处看为黑色，近看呈酱褐色。由于矿石（层）脆性大，不易形成较大的正地形地貌，加上矿石化学性质稳定，不易风化，而且搬运距离不会很大，在山坡或沟谷中发现转石后可就近追寻矿源。

（2）铁矿矿化或铁帽（褐铁矿化）是原生菱铁矿在表生作用下的产物，可以指导寻找原生菱铁矿。

（3）矿体的产出与碳酸盐岩关系密切。一般岩相厚度变化大、碳酸盐岩比较发育的层位是寻找此类型矿床的重要层位；矿体多富集产出在碳酸盐岩与碎屑岩过渡部位，也见产在碳酸盐岩中的矿体；碳酸盐岩以沉积碳酸盐为主，多不纯净，混杂有泥、砂和碳质的堆积。

（4）矿体与大理岩之间，往往存在铁白云岩，因此铁白云岩也可以作为找矿标志。铁白云岩在地表氧化后往往形成深黄褐色；当发现铁白云岩时，沿倾向、走向可能有菱铁矿存在。

2. 物探异常标志

通过 1 : 1 万磁法测量和 1 : 2000 电法剖面测量，并结合调查区内的地质特征，对 30 号勘探线综合剖面图（图 6-10a）进行分析发现：在 C-4、DF-1 组合异常中，呈现出低磁、高极化、低电阻的异常特征。地表多被覆盖，从零星的基岩露头看，剖面上岩性主要为绿泥石化二云母石英片岩，剖面南东段高电阻所对应的很有可能是大理岩，剖面北西段低磁、高极化、低电阻体，推测为菱铁矿体。对 C-4 号磁异常上延 150m 后，异常强度和

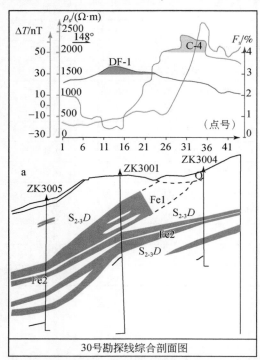

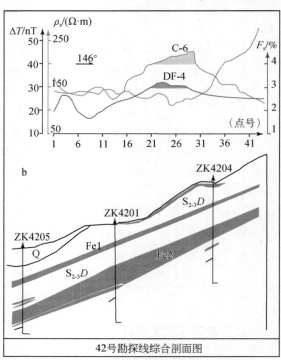

| Q 冰碛物
洪积物 | S_{2-3}D 中—晚志留世
达坂沟群 | ⌢ 地质
界线 | ▰ 铁矿体
Fe2 及编号 | ZK3005↑ 钻孔及
编号 | ⌐ρ_s⌐ 电阻率
曲线 | ⌐F_s⌐ 极化率
曲线 | ⌐ΔT⌐ ΔT 曲线 |

图 6-10　切列克其菱铁矿勘探线综合剖面图（据新疆维吾尔自治区地质矿产
勘查开发局第二地质大队，2012）

规模相对仍较大，说明异常延伸较大。对42号勘探线剖面综合图（图6-10b）进行分析：C-6、DF-4组合异常在2号菱铁矿体出露地段呈现出高磁、高极化、低电阻的异常特征，而且套合较好，但对C-6号磁异常进行上延后，其埋深小于50m，表明异常体延伸不大。

上述物探磁测结果结合深部工程验证表明，磁法异常值大约在50～100nT的中低磁异常是由菱铁矿体引起；激电显示中–高极化率异常也是由菱铁矿体引起。因此，具有中低磁、中–高极化和低电阻的组合异常为找菱铁矿的间接标志。

综合上述各找矿标志，区分形成矿床找矿要素，建立切列克其菱铁矿找矿要素见表6-6。

表6-6 切列克其海相沉积改造型菱铁矿找矿要素表

找矿要素		具体特征	要素分类
成矿地质环境	构造背景	甜水海地块，阿克赛钦古生代陆缘盆地的近陆一侧	次要
	成矿环境	浅海相海进沉积环境，赋矿地层为下志留统中–浅变质岩系	重要
	成矿时代	早志留世	次要
	岩石结构	粒状变晶结构	次要
	岩石类型	原岩为陆缘碎屑岩夹含石英、泥质碳酸盐岩，后期变质形成中–浅变质的片岩及含石英、白云母大理岩、大理岩	必要
成矿矿床特征	矿物组合	金属矿物以菱铁矿、褐铁矿为主，次为黄铁矿、黄铜矿，以及孔雀石、铜蓝；非金属矿物有铁白云石、石英、白云母、石墨等	重要
	结构构造	自形–半自形结构；层状、块状及条带状或纹层状构造	次要
	蚀变	褐铁矿化、绿泥石化、绢云母化、硅化、碳酸盐化	次要
	控矿条件	浅海相海进沉积系列底部和下部；碎屑岩与碳酸盐岩的过渡带；侵入岩与地层外接触带附近；层位线状构造	必要
	风化	褐铁矿（化）体（层）、局部具孔雀石化等铜矿化	次要
地球化学特征	化探	Fe_2O_3中高异常；弱铜异常	次要
地球物理特征	磁法、电法和重力	矿致磁法异常值大约在50～100nT的中低磁异常；激电显示中–高极化率异常和低电阻特征；矿区尺度上的负重力背景场中的弱重力剩余异常	次要

二、遥感找矿预测

（一）遥感找矿模型

在黑恰一带的温泉沟群地层顶部出露一套菱铁赤铁矿矿化带，容矿岩系为一套含矿碳酸盐岩夹碎屑岩沉积建造，区内延伸长度约60km，宽度200～500m。矿体一般厚约50m，层位稳定、沿走向倾向连续性好、规模巨大。

通过对该矿床的综合分析，根据其遥感特征，建立集矿源层、成/控矿构造、蚀变带、遥感异常、高分遥感解译标志等于一体的典型矿床遥感找矿模型。需要指出的是，对矿床形成机制、矿床成因类型及成矿作用过程的认识只是初步的，仅依靠项目野外地质观察所得，有待进一步完善和修正。

1. 黑黑孜占干菱铁矿遥感找矿模型

黑黑孜占干菱铁矿赋矿地层为志留系温泉沟群的一套碳酸盐岩夹碎屑岩沉积建造。对其成矿环境目前的认识是：随着海平面的下降，在沉积晚期逐渐过渡为近源浅海相环境，主要为一套以碳酸盐岩为主的沉积建造，一方面南侧古陆源区为沉积区提供了大量的 Fe 元素，另一方面可能在裂谷环境下，来自深部富含 Fe 元素的热流上涌，也为沉积区提供了大量的 Fe 元素。在氧化-还原过渡带上以菱铁矿的形式沉积下来。中-晚志留世发生的中浅层次环境下的低绿片岩相浅变质作用，在一定的动力、热条件下，部分菱铁矿发生分解（$FeCO_3 + O_2 \longrightarrow Fe_2O_3 + CO_2\uparrow$），$CO_2$ 沿构造裂隙逃逸，而转变为赤铁矿；中-晚三叠世之交，矿化带北侧大红柳滩断裂形成，在构造挤压作用下，又有部分菱铁矿发生分解而转变为赤铁矿，有利于 Fe 品位的提高；矿化带暴露地表后，在长期的表生淋滤氧化作用条件下，浅表部的部分菱铁矿转变为赤铁矿、镜铁矿及褐铁矿等，形成了现今规模较大的菱铁矿-赤铁矿化带。

容矿地质体：为温泉沟群，岩性为灰色白云质灰岩、灰岩、泥灰岩夹细砂岩、绢云砂质板岩及千枚岩。

构造环境：处于被动大陆边缘海退旋回下的浅海沉积环境，Fe 来自南侧羌塘盆地古陆物源区和裂谷环境下深部含铁质热流，并在氧化-还原过渡带上以菱铁矿的形式沉积下来。

变质作用与控矿：在区域变质作用影响下，为部分菱铁矿发生分解而转变为赤铁矿提供必要的条件，一定程度上提高了铁矿石品位。

成矿/控矿构造：北西向的大红柳滩断裂控制，在构造挤压作用下，部分菱铁矿发生分解而转变为赤铁矿，分解的 CO_2 沿构造裂隙逃逸，一定程度上提高了铁矿石品位。

高分图像矿体特征：温泉沟群中的变砂岩夹长石石英砂岩、板岩（mss+fq+sl）影像色调表现为蓝色为主夹白色，具红褐色斑点状纹理，呈层状展布；变砂岩夹板岩、长石石英砂岩（mss+sl+fq）影像色调表现为蓝色、白色条带互层，呈层状展布；变砂岩夹千枚岩、灰岩（mss+ph+ls）影像色调表现为浅黄色、浅蓝色、黄白色，呈层状展布；变砂岩（mss）影像色调表现为红色，呈层状展布，具黑色斑点；变砂岩夹板岩（mss+sl）影像色调表现为黄白色与浅蓝色互层，条带状纹理；千枚岩夹变砂岩（ph+mss）影像色调表现为浅灰色与浅蓝色互层，条带状纹理，呈层状展布；变砂岩夹粉砂岩（mss+st）影像色调表现为黄色、青色，呈层状展布；板岩夹变砂岩（sl+mss）影像色调表现为深蓝色夹黄色、白色条带，带状并具斑点状纹理；变砂岩夹板岩、灰岩（mss+sl+ls）影像色调表现为浅黄色、浅红色夹浅蓝色条带，条带状纹理，呈层状展布；石英脉密集带（q）影像色调表现为白色，条带状纹理明显（图6-11）。

Ikonos（321波段合成）图像上矿化带为不同深浅的褐色，规则条带状影纹图案；矿体呈暗红褐色色调，色调较矿化带深，沿矿化带呈窄条带状断续延伸（图6-12）。

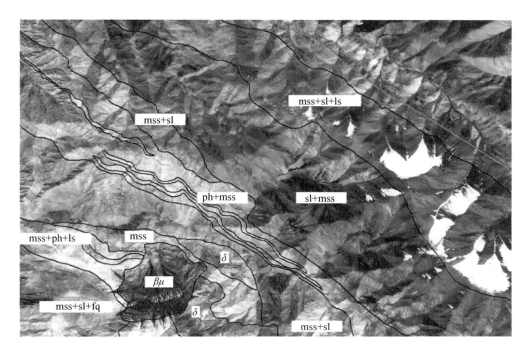

图 6-11　温泉沟群不同岩性段影像特征

mss—变砂岩；sl—板岩，fq—长石石英砂岩；ph—千枚岩；ls—灰岩；δ—闪长岩；βμ—辉绿岩

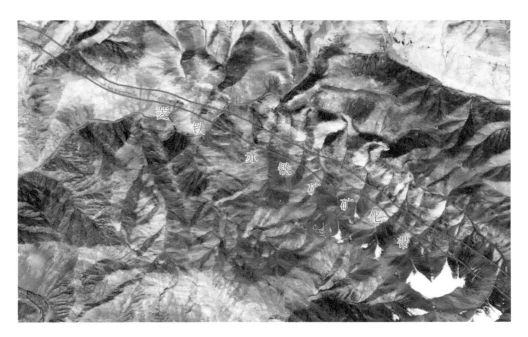

图 6-12　菱铁-赤铁矿矿化带遥感影像解译标志（Ikonos 图像）

遥感异常特征：铁染异常。

成因类型：成因属沉积改造型，层控特征明显，具层位稳定、沿走向倾向连续性好、规模大的特征（表6-7）。

表6-7　黑黑孜占干菱铁矿遥感地质找矿模型

序号	矿床要素	具体特征
1	大地构造位置	康西瓦构造结合带以南的北羌塘微地块北缘
2	构造环境与成矿环境	处于被动大陆边缘海退旋回下的浅海沉积环境，Fe 来自南侧羌塘盆地古陆物源区和裂谷环境下深部含铁质热流，并在氧化-还原过渡带上以菱铁矿的形式沉积下来
3	容矿地层	志留系温泉沟群
4	容矿岩系	白云质灰岩、灰岩及泥灰岩
5	矿石特征	矿石主要矿物成分：菱铁矿为主、赤铁矿次之，另含有镜铁矿及褐铁矿等。矿石结构为他形-半自形粒状集合体结构。矿石构造为块状构造
6	矿化类型	褐铁矿化、赤铁矿化等
7	控矿构造	北西向的大红柳滩断裂控制，在构造挤压作用下，部分菱铁矿发生分解而转变为赤铁矿，分解的 CO_2 沿构造裂隙逃逸，一定程度上提高了铁矿石品位
8	矿床成因类型	沉积改造型
9	遥感蚀变异常	铁染异常
10	矿体矿化带影像特征	Ikonos（321 波段合成）图像上矿化带为不同深浅的褐色，规则条带状影纹图案；矿体呈暗红褐色色调，色调较矿化带深，沿矿化带呈窄条带状断续延伸

（二）遥感找矿靶区圈定

黑恰一带成矿条件优越，成矿众多，根据确定的遥感找矿模型，共圈定遥感找矿靶区3处，其中 A 级遥感找矿靶区 1 处、B 级遥感找矿靶区 1 处、C 级遥感找矿靶区 1 处（图6-13）。所推荐 A 级找矿靶区以见到规模较大或数量较多的矿体（矿化体）/矿点为圈定靶区依据，B 级找矿靶区以见到矿化体为圈定靶区依据，C 级找矿靶区以前人矿化点资料或见到矿化蚀变带为圈定靶区依据，主要靶区均具有下一步工作价值。

1. 黑恰菱铁–赤铁矿 A 级找矿靶区

1）靶区特征

靶区位于麻扎以东黑恰达坂，西北端起于 219 国道麻扎以东 40km 黑恰道班东侧，沿喀拉塔格山展布，平均海拔 4800m，为典型高原高山区，靶区出露下志留统温泉沟群，岩性为一套浅变质岩夹碳酸盐岩，岩性为灰色白云质灰岩、灰岩、泥灰岩夹细砂岩、绢云砂质板岩及千枚岩。

2）预测依据

通过高分解译，区内新发现一条菱铁–赤铁矿化带（图6-14a）。矿化带受北西向的大红柳滩断裂控制。遥感异常呈条带状北西向分布于矿化带内，与矿化带方向一致，异常类型为铁染异常和羟基异常，异常值高且呈串珠状连续分布，遥感异常与成矿事实吻合（图

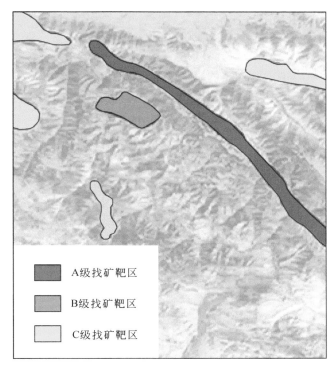

图 6-13　西昆仑黑恰一带圈定的遥感找矿靶区分布图

6-14b）。矿化带呈红色，区内延伸长度约 60km，宽度 200～500m；矿体呈深红色，多赋存于矿化带下部，一般厚约 50m。由于该区具有良好的成矿地质背景，控矿构造发育，遥感异常明显并与成矿事实吻合，靶区与菱铁–赤铁矿遥感地质找矿模型吻合度高，因此可评定为菱铁赤铁矿 A 级找矿靶区，找矿前景良好。

图 6-14　菱铁–赤铁矿化带增强效果影像图（a）和对应区的遥感异常图（b）

　　该靶区与菱铁–赤铁矿遥感地质找矿模型吻合度高，新发现一条菱铁–赤铁矿化带，矿化带内发现多条菱铁–赤铁矿体，具有良好的成矿地质背景，控矿构造发育，遥感异常明显并与成矿事实吻合，菱铁-赤铁矿有良好的找矿前景。

2. 黑恰南铜铅锌矿 B 级找矿靶区

1）靶区特征

靶区位于黑恰达坂以南、叶尔羌河以东，国道 219 线柯尔克孜江孕勒道班东南侧，平均海拔 5000m，为典型高原高山区，靶区出露下志留统温泉沟群，岩性为一套浅变质岩，主要岩性为千枚岩、细砂岩、砂质板岩夹含碳薄层硅质岩。

2）预测依据

靶区内地层为温泉沟群，主要岩性为千枚岩、细砂岩、砂质板岩、灰岩夹含碳薄层硅质岩，千枚岩与变砂岩互层中发育密集的石英脉，石英脉内发现多个铜铅锌矿（化）体。已发现矿（化）体 4 条，平均宽度 4.5 ~ 10m，长度 150 ~ 500m，矿（化）体与含石英脉体的韧-脆性剪切构造蚀变带发育程度关系密切，受构造蚀变带严格控制。矿石矿物为黄铜矿、黄铁矿、方铅矿及闪锌矿等，矿床成因类型属与热水盆地有关的热水沉积-构造蚀变型。

在顺层韧脆性剪切作用下，大量构造热液析出，萃取-富集更多的铜铅锌成矿元素，在有利部位发生沉淀而成矿。后期岩浆活动强烈，中基性岩体侵入，对成矿可能有后期富集作用。

部分遥感异常沿石英脉带呈串珠状展布，异常值较高，与已知铜铅锌矿（化）体吻合；部分异常位于灰岩内以及岩体与围岩的接触带上，异常值高，与已知铅锌矿（化）体吻合。

该靶区具有良好的成矿地质背景，控矿构造发育，岩浆活动强烈；遥感异常明显并与成矿事实吻合，铜铅锌矿有良好的找矿前景。受限于地形条件，该靶区未进行查证。

3. 赛图拉铜铅锌矿 C 级找矿靶区

1）靶区特征

靶区位于康西瓦断裂北侧中元古代赛图拉岩群内，平均海拔 4600m，含矿地层为赛图拉岩群一套中深变质岩，岩性主要有石榴白云石英片岩、石榴黑云石英片岩、含石榴长石浅粒岩、石榴斜长黑云石英片岩、黑云石英片岩、白云石英片岩、黑云母片岩、黑云斜长片麻岩、混合岩夹斜长黑云石英片岩和斜长角闪片岩、石英岩夹斜长角闪岩。靶区北侧分布赛图拉岩体，二者断层接触。

2）预测依据

靶区含矿层位为赛图拉岩群，为一套中深变质岩，局部发育混合岩化，原岩为碎屑岩、基性火山岩夹少量碳酸盐岩，内有新元古代中酸性岩体侵入，成矿建造较好。靶区外围南北侧分别分布着赛图拉岩体和谢依拉达坂岩体，岩浆活动强烈，为区域成矿提供了有利条件。靶区与周围岩体和地层均呈断裂接触关系，有利于成矿物质的运移。该靶区前人资料显示已有构造蚀变岩型铜铅锌矿点 1 处（位于新藏公路 324km 附近）。

在 Ikonos 影像特征下，靶区主要为一套褐红色夹灰黑色色调，条带状影纹。靶区内普遍发育二级、三级铁染异常，经过遥感异常筛选，共圈定遥感异常点 1 处。

靶区受限于地形条件和研究程度，未进行查证。

第二节 找矿靶区优选评价

对圈定的遥感找矿靶区结合野外现场查证情况确定其成矿事实，进而确认遥感找矿模型的有效性，同时实现靶区的优选评价。

经野外地质调查，黑恰菱铁-赤铁矿化带位于志留系温泉沟群（S_1W）顶部，赋矿岩系为深灰色绢云千枚岩、变绢云母粉砂岩、细砂岩及灰岩，产状为50°∠60°，向北与二叠系黄羊岭群斑点状千枚岩呈断层接触，产状与温泉沟群一致。矿化带西北端起于219国道麻扎以东黑恰道班东侧，沿喀拉塔格山展布。矿化带产状与地层产状一致，走向320°，倾角50°~70°，向北被康西瓦断裂所截，向东南延伸，延伸长度约60km，宽度200~500m。矿体多赋存于矿化带下部，产状与矿化带产状基本一致，多呈层状、似层状、扁豆状，层控特征明显（图6-15），厚度40~70m，一般厚约50m。

图6-15 黑恰菱铁-赤铁矿化带（a图为远观，b图为矿体近景）

矿化带矿石成分单一，主要矿石矿物为原生菱铁矿（约70%），大部分氧化成赤铁矿，少量镜铁矿及褐铁矿等（图6-16）；脉石矿物主要为石英（1.20%~21.7%）、铁白云石（26%~50.9%）和方解石（4.1%~23.8%）（图6-17，表6-8），其次为少量黄铁矿和黄铜矿，偶见石墨、电气石、磷灰石等。菱铁矿矿石主要为块状构造和条带状构造（图6-16），发育粗晶半自形-自形粒状结构，粒度变化较大。另外，在构造节理旁侧或小断层带内，因构造挤压作用，赤铁矿含量明显增加。

在野外踏勘中，选取代表性强的菱铁-赤铁矿化带中的菱铁矿样品进行化学分析，分析结果如表6-9。测试结果显示，单个样品最高全铁品位67.90%，最低品位46.43%，平均品位59.26%，远高于菱铁矿工业品位（20%）。部分矿石中检出铜、铅元素，Cu品位为0.297%，Pb品位5.55%，均达到综合利用价值（表6-9）。

总体上，所发现的矿化带具有层位稳定和沿走向、倾向连续性好、规模大的特征，该靶区具有巨大的找矿潜力。

图 6-16　地表氧化菱铁矿矿石（a、b、c）和褐铁矿交代菱铁矿残留解理的光片（d）

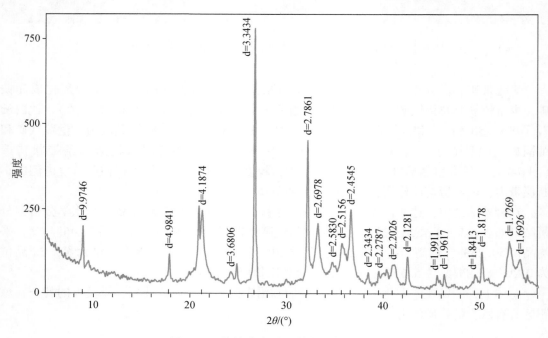

图 6-17　菱铁矿矿石 X 射线衍射分析图

表 6-8　菱铁矿矿石 X 射线衍射分析结果　　　　　　　　　（单位:%）

样品编号	13HQ01	13HQ02	13HQ03	13HQ04
石英	3.60	1.20	21.7	7.00
方解石	23.8	4.10	—	—
白云石	26.0	—	—	50.9
菱铁矿	—	20.8	25.9	11.3
白铅矿	—	11.6	—	—
针铁矿	16.2	14.4	33.8	15.5
赤铁矿	26.5	47.9	6.60	15.3
石膏	3.90	—	—	—
伊利石	—	—	12.0	—

注:"—"表示未检出。

表 6-9　菱铁矿矿石化学成分分析结果　　　　　　　　　（单位:%）

送样号	Fe_2O_3	FeO	TFe	Cu	Pb	Zn
13HQ01	54.92	0.00	54.92	0.00935	0.21	0.022
13HQ02	67.90	0.00	67.90	0.297	5.55	0.189
13HQ03	53.27	1.70	54.97	0.00224	0.0979	0.0826
13HQ04	46.43	<0.01	46.43	0.000602	0.226	0.0585

第七章　岔路口区域地质矿产遥感解译及靶区优选评价

喀喇昆仑岔路口地区遥感解译主要应用 ETM 和 Pleiades 数据，利用多元数据、多波段的特性，充分挖掘遥感数据的地质信息，在适量的野外地质调查工作基础上，编制了岔路口一带构造-岩性遥感解译图和遥感异常图，编制了火烧云区域遥感影像图和异常提取图，并进行了遥感找矿预测，圈定了找矿靶区。由于区域资料不相配套，因此在岔路口一带仅收集到 ETM 影像进行了 1 : 10 万尺度的区域遥感解译，而在火烧云区域依据 Pleiades 数据（法国，全色分辨率可达 0.5m）进行了 1 : 1 万尺度矿区范围的遥感解译。岔路口一带主要研究范围介于北纬 35°02′00″~35°15′00″，东经 79°09′00″~79°29′00″；火烧云主要研究范围介于北纬 34°32′00″~34°38′00″，东经 79°05′00″~79°15′00″。下面从区域地质和区域矿产（典型矿床、找矿模型研建和靶区优选评价）两个方面介绍该区遥感解译特征。

第一节　区域地质遥感解译

一、构造遥感解译

调查区处于青藏高原的西北缘，构造方式主要是断裂，其断裂形迹主要是追踪早期已有断层，新生的断层甚少。特别是晚古生代多块体拼接过程中形成的众多规模、性质不同的断裂系统，对后期的构造有着极大的限制和影响，同时新生代的构造对早期的构造起着改造作用。调查区主要分布在喀喇昆仑断裂带的一部分即乔尔天山—岔路口断裂带。乔尔天山—岔路口断裂呈北西—南东向纵贯全区，是区内的主干断裂。该断裂向东延伸到龙木错一带，断裂带宽 100~500m，断层面倾向北东，倾角一般 50°~65°，发育糜棱岩化砂岩、钙质糜棱岩、断层角砾岩、碎裂岩等，两侧岩石一般较破碎。依据构造带岩石的变形特征分析，该断层早期主要表现为脆韧性剪切伸展-走滑活动，晚期表现为脆性逆冲走滑特征。沿断裂带发育大量辉长岩、辉绿岩脉，说明断裂带规模较大，延伸地壳内部较深。

ETM 影像上显示明显的线状构造影像特征，明显的色调影纹差异和地层错位（图 7-1），地貌上显示一系列的凹陷及断层三角面。该断裂是神仙湾晚二叠世—三叠纪边缘裂陷带北界断裂，分隔北羌塘微陆块晚古生代的沉积建造。除了乔尔天山—岔路口断裂外，区内还发育若干条一般断裂，多呈北西-南东向延伸。

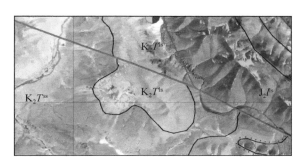

图 7-1　乔尔天山—岔路口断裂带 ETM 影像特征

J_2l^{ls}—中侏罗统龙山组灰岩；K_2T^{ss}—上白垩统铁隆滩群砂砾岩；K_2T^{ls}—上白垩统铁隆滩群灰岩

二、地层遥感解译

喀喇昆仑岔路口地区主要出露古生代和中生代地层，包括下古生界奥陶系冬瓜山群，上古生界泥盆系落石沟组、二叠系神仙湾组、中生界三叠系上河尾滩组、克勒青河群，侏罗系龙山组，白垩系铁隆滩群，以及新生界。其中侏罗系龙山组和白垩系铁隆滩群是本区铅锌矿主要赋矿地层。下面介绍其主要解译特征。

1. 奥陶系冬瓜山群（OD）

奥陶系冬瓜山群出露于调查区的北东部，主要为一套碳酸盐岩夹少量细碎屑岩沉积，局部夹有钙质砂岩，总体显示为一套稳定的台地相沉积。该群下岩组灰岩中含有较多的浅海生物化石，亦可见灰岩中球状叠层石、砂质灰岩、砾屑灰岩、竹叶状灰岩等，局部砂岩中可见交错层理，应为浅海台地相高能环境下沉积，地层外观为浅灰黄-灰色。上组岩石以泥质灰岩、泥质板岩、含粉砂泥质板岩为主，夹有含砾内碎屑砂岩，该套地层总体以杂色为主要外观特征，局部呈紫红色。粉砂板岩中水平层理发育，局部可见小型沙纹层理。总之上组沉积环境表现为水体较深、沉积速率较慢的特征，应为陆棚边缘沉积物。

冬瓜山群在 ETM 影像下主要为浅灰色、灰黄绿色，条带状展布特征明显，岩石类型主要为砂质灰岩、砾屑灰岩、泥质灰岩、泥质板岩、含粉砂泥质板岩等（表 7-1）。

表 7-1　岔路口一带主要地层遥感解译表

地层	主要岩性	解译标志：色调、形态、纹形等影像特征	遥感影像
奥陶系冬瓜山群	灰岩	浅灰色、灰黄绿色，条带状展布特征明显	
泥盆系落石沟组	泥质灰岩、石英砂岩	浅灰色、深蓝色夹褐红色色调，横向带状展布特征明显	

续表

地层	主要岩性	解译标志：色调、形态、纹形等影像特征	遥感影像
二叠系 神仙湾组	砂岩和 粉砂岩	深蓝色夹棕红色、黄绿色色调，韵律层清楚	
	石英砂岩	褐黄色条带状影纹特征	
三叠系上 河尾滩组	灰岩和 细砂岩	褐黄色夹黄绿色色调，条带状展布特征明显	
三叠系克 勒青河群	粉砂岩、 泥灰岩	在 Pleiades 影像下主要为浅灰色、灰白色、灰黄色或黑灰色色调，条带状展布特征明显	
侏罗系 龙山组	灰岩段	在 ETM 影像下主要为砖红色，极易与其他地层区分	
		在 Pleiades 影像下为灰黑色略带浅红色	
	砂砾岩	该段在 ETM 影像下主要为浅蓝色夹黄绿色色调	
		在 Pleiades 影像下为灰白色夹浅红色色调	
白垩系 铁隆滩群	灰岩	浅绿色、黄绿色色调	
	砂砾岩	浅红色色调	

2. 泥盆系落石沟组（$D_{1-2}l$）

该组分布较分散，主要在调查区北部，为一套碳酸盐岩夹碎屑岩建造，由灰、浅灰色灰岩、生物碎屑灰岩夹钙、泥质灰岩、石英岩屑粗砂岩组成，与冬瓜山群断层接触。岩石中生物化石较丰富，主要有腕足类、珊瑚类及腹足类等，灰岩中发育鲕粒灰岩、砾屑灰岩及藻团粒。落石沟组沉积相有鲕状灰岩相、白云岩相、礁灰岩相等，沉积环境总体为浅海碳酸盐台地相环境。

落石沟组在 ETM 影像下主要为浅灰色、深蓝色夹褐红色色调，横向带状展布特征明显，岩石类型主要为泥质灰岩、石英砂岩等（表 7-1）。

3. 二叠系神仙湾组（$P_{1-2}s$）

二叠系神仙湾组广泛分布于乔尔天山—岔路口断裂以南地区，下未见底，被龙山组不整合覆盖（断层接触）。为一套深水相碎屑岩，主要岩性为灰色–深灰色中–厚层状细粒石英砂岩、石英粉砂岩夹绢云母板岩，局部夹少量硅质岩、玄武岩、火山角砾岩等。依据岩石组合，可进一步划分为三个段。下段：总体为一套较细的碎屑岩间夹石英砂岩、长石砂岩、少量细砾岩等；由砂岩和粉砂岩组成的沉积韵律极为发育，具复理石沉积特征。中段：总体由细粒砂岩和粉砂岩构成，韵律层清楚，具较深水的复理石沉积建造特征。上段：由砂岩–石英粉砂岩–钙质粉砂岩–硅质岩构成，该段在调查区分布较少。

在 ETM 影像下神仙湾组下段主要为褐黄色条带状影纹特征，岩石类型主要为石英砂岩等，神仙湾组中段主要为深蓝色夹棕红色、黄绿色色调，岩性主要为砂岩和粉砂岩（表 7-1）。

4. 三叠系上河尾滩组（T_2s）

三叠系上河尾滩组出露比较零散，仅见于调查区东侧，与下伏地层为断层接触，龙山组不整合覆于其上，岩性为浅灰–深灰色薄–中层状灰岩、生物灰岩、粉砂岩、细砂岩、硅质岩和少量硅质灰岩、白云岩、泥灰岩等。

河尾滩组在 ETM 影像下主要为褐黄色夹黄绿色色调，条带状展布特征明显，岩石类型主要为灰岩和细砂岩等（表 7-1）。

5. 三叠系克勒青河群（T_3K）

该群呈面状分布于火烧云西南部，岩性主要为碳质页岩、粉砂岩、细砂岩和含砾粉砂岩、粗砂岩夹泥岩、泥灰岩，角度不整合于龙山组之下。

该组在 Pleiades 影像下主要为浅灰色、灰白色、灰黄色或黑灰色色调，条带状展布特征明显，岩石类型主要为粉砂岩、砂岩、泥岩、泥灰岩等（表 7-1）。

6. 侏罗系龙山组（J_2l）

侏罗系龙山组是本区铅锌主要含矿层。广泛分布于乔尔天山断裂以南，呈北西–南东向带状展布，多呈角度不整合覆于下伏下二叠统神仙湾组地层之上，其上被白垩系铁隆滩群角度不整合覆盖。其沉积环境表现为海陆交互相向浅海碳酸盐台地相过渡。依据岩石组合特征可划分为上下两段，即下部碎屑岩段、上部灰岩段。

下段（J_2l^1）：主要为灰绿色–紫红色复成分砾岩夹含砾钙质岩屑砂岩、钙质砂岩等。砾石成分复杂，有灰岩、玄武岩、砂岩、粉砂岩等，磨圆度中等或较差，分选一般，局部可见粒序层理，胶结物为砂泥质，具近源快速堆积特征。砂岩段岩石总体呈紫红色，局部灰色–灰绿色，砾岩中砾石成分复杂，分选一般，砂岩结构和成分成熟度均较低，总体特征反映为炎热、干燥环境下的陆相河流沉积。该段在 ETM 影像下主要为浅蓝色夹黄绿色色调，在 Pleiades 影像下为灰白色夹浅红色色调（表 7-1）。

上段（J_2l^2）：主要为一套浅海碳酸盐岩夹火山岩建造，与砂岩段为整合过渡接触关系。该段下部主要为鲕粒灰岩、砾屑灰岩、生物灰岩夹玄武岩等；上部主要为微晶灰岩、砂屑微晶灰岩、生物碎屑灰岩等，局部出现生物点礁。总体为浅海高能碳酸盐台地相，个别层位（腕足动物碎片富集成层）还显示边滩相堆积特征。顶部灰岩段局部夹有石膏层，具有咸化潟湖沉积特征。灰岩段中夹有厚约15m的玄武质角砾岩和杏仁状玄武岩，岩石呈绿灰色，具斑状结构，基质具粗玄结构，块状构造、杏仁状构造。该段在ETM影像下主要为砖红色，极易与其他地层区分；在Pleiades影像下为灰黑色略带浅红色（表7-1）。

7. 白垩系铁隆滩群（K_2T）

铁隆滩群也是本区铅锌主要含矿层，较广泛分布于岔路口地区。与下伏地层均为角度不整合接触，依据岩石组合，可进一步划分为砂砾岩段和灰岩段。

砂砾岩段：总体为一套紫红色河流相粗碎屑岩。该组可进一步分为上、中、下三部分。下部主要为灰黄–紫红色砾岩，砾石成分复杂，有灰岩、硅质岩、砂岩等；中部主要为钙质砂岩夹砾岩，砂岩中粒序层、水平纹层发育；上部为一套砾岩夹少量钙质砂岩，砾石成分较单一，主要为灰岩。具有陆相河流沉积特征。该段在ETM影像下主要为浅红色色调（表7-1）。

灰岩段：与下伏砂砾岩组为整合渐变关系，主要为一套浅灰白色局部褐红色生屑灰岩、生物灰岩夹少量泥质灰岩、礁灰岩等。灰岩一般具厚层–块状构造，微晶结构，含大量生物，主要有瓣鳃类、海百合茎、腕足类等，瓣鳃类个体直径较粗大，直径可达5cm左右。总体为局限浅海碳酸盐台地相沉积。该段在ETM影像下主要为浅绿色、黄绿色色调（表7-1）。

调查区岩浆岩不甚发育，与成矿关系不大，本区未进行岩体圈定和解译工作。

第二节　区域矿产遥感解译

一、典型矿床研究

调查区所处的喀喇昆仑南部地区由于受到高原高寒缺氧等极端工作条件制约，地质工作程度很低，以前发现的矿产资源非常少。近年来，随着国家公益性地质调查、新疆地质勘查中央专项资金和新疆地质勘查基金等多渠道资金项目的实施，该区找矿勘查工作取得了重大进展。在喀喇昆仑山沿乔尔天山—岔路口断裂带两侧开展了大量地质找矿工作，取得了很好的找矿效果。其中，新疆维吾尔自治区地质矿产勘查开发局第八地质大队在2008年以来，先后在乔尔天山大断裂的中段发现了宝塔山铅锌矿（小型）、在东段发现了多宝山铅锌矿（中型）以及羚羊滩铅锌矿点、双宝山铅锌矿点、龙宝山铜矿点、长宝山铅锌矿、元宝山铁铅锌矿化点，在东段的南部发现了火烧云铅锌矿（大型以上）；2010~2012年新疆维吾尔自治区地质矿产勘查开发局第十一地质大队、地球物理化探大队在岔路口至卡子勒谷地一带开展1:5万化探普查中进一步圈出了众多铅、锌、铜化探异常，发现了甜水海（中型）、天神、天神北、鸡冠石、卡孜勒等铅锌矿床（点）。这些铅锌矿以层控型为主,含矿层位主要为三叠系克勒青河组、中侏罗统龙山组灰岩段、砾岩段和白垩系铁龙滩群灰岩段。目前,区内已发现铅锌矿床(点)29处,铜矿点11处,铁矿点3处,其中中型矿床2个,超大型矿床1个,形成了岔路口铅锌矿集区。其中的火烧云铅锌矿资源量已超过1600万t,为超大型原生层控碳酸盐型铅锌矿床。

(一) 火烧云矿区地质

火烧云铅锌矿位于青藏高原北缘喀喇昆仑地区,大地构造位置为羌塘—三江造山系甜水海地块的乔尔天山—林济塘中生代前陆盆地。成矿带处在喀喇昆仑—三江成矿省林济塘Fe-Cu-Au-RM-石膏矿带内,北东部以乔尔天山—岔路口断裂为界,与慕士塔格—阿克赛钦陆缘盆地毗邻,区域上广泛出露新生代、中生代及古生代地层,其中侏罗系为主要赋矿地层,侏罗系至古近系属夹火山岩含石膏碳酸盐岩建造,新近纪抬升为陆。该区域褶皱构造以紧闭型为主,断裂构造发育,沿乔尔天山—岔路口断裂及两侧次级断裂形成新疆富集程度和规模最大的铅锌矿富集区。区域内侵入岩不甚发育,火山活动较弱。

火烧云铅锌矿赋矿地层为中侏罗统龙山组(图7-2),主要为一套浅海相碳酸盐岩沉积,局部夹火山岩、碎屑岩、石膏层。龙山组可划分为上下两个岩性段,第一岩性段为灰紫、褐灰色中厚层状砂砾岩;第二岩性段为灰、深灰、褐红色薄–中厚层状灰岩(图7-3),局部夹灰紫色杏仁状玄武岩、英安岩。矿区内还发育上三叠统克勒清河群砂岩层,与中侏罗统为角度不整合接触。矿区断裂构造发育,与成矿关系密切。矿区内侵入岩不甚发育,火山活动较弱。

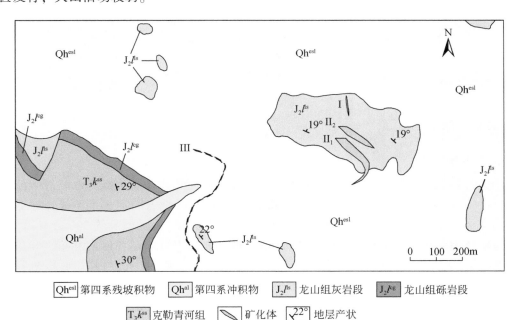

图7-2　火烧云矿区地质矿产图(据新疆维吾尔自治区地质矿产勘查开发局第八地质大队,2014修改)

图 7-3　火烧云中侏罗统龙山组灰岩段和砂砾岩段典型岩石及显微照片

a—龙山组灰岩标本；b—碎裂状灰岩正交偏光照片（右上灰、灰白为方解石）；

c—龙山组砾岩标本；d—砾岩薄片正交偏光照片

（二）矿体地质

1. 矿体特征

火烧云矿区内铅锌矿体沿一定层位呈层状产出，呈近于水平膨大减薄或略舒缓波状起伏的板状、层状或饼状体。目前矿区内共圈定 13 个矿体，地表圈定 3 个矿体，深部圈定 10 个盲矿体。铅锌资源量中以锌为主，锌资源量 1300 万 t，铅资源量约 300 万 t。最重要的 V 号矿体南北长大于 1400m，东西宽 650m，平均厚 12.76m，矿体倾向北东，倾角多为 20°左右。矿体围岩以白云质灰岩为主，局部矿体分布于角砾岩中，与其顶底板灰岩接触界线截然。矿体锌平均品位 23.58%，铅平均品位 5.63%，单矿体铅+锌资源量 1400 万 t，约占矿区总量的 93%（董连慧等，2015）。围岩蚀变弱且蚀变类型简单，主要为褐铁矿化、碎裂岩化、黄钾铁矾化、方解石化、石膏化、高岭土化。

根据矿石构造不同，火烧云矿区 Pb-Zn 矿体主要分为 3 种类型：纹层状碳酸盐型铅锌矿体、角砾状与交代蚀变成因的碳酸盐型铅锌矿体、纹层状碳酸盐型铅锌矿与脉状铅锌硫化物组成的复合型矿体，其中以纹层状碳酸盐型铅锌矿体为主。其中复合型矿体又可分为

3 层：下层纹层状的菱锌矿与白铅矿矿体，局部发育有角砾状的菱锌矿与白铅矿；中层纹层状的菱锌矿矿体，局部发育有角砾状的菱锌矿；上层脉状的铅锌硫化物矿体（董连慧等，2015）。

2. 矿石类型

火烧云矿区矿石矿物以菱锌矿、白铅矿为主，并发育少量的铅锌硫化物（以方铅矿为主）等，脉石矿物主要为方解石，偶见凝灰岩。菱锌矿呈多种颜色（红棕、棕、橙黄、无色等），与 Fe、Mn 含量相关，主要发育块状、纹层状、角砾状及交代蚀变成因构造。白铅矿主要为白色，晶形为自形或他形，以纹层状、块状、角砾状构造为主。铅锌硫化物以方铅矿为主，其中方铅矿为铅灰色，闪锌矿为黑色，晶形为自形-他形，铅锌硫化物以纹层状、块状、脉状构造为主。矿区矿石还具有微细纹层状构造、空穴蜂巢状构造，显示沿张性空间贯入充填。据矿石构造，矿区矿石主要分为以下 4 种类型：

层状矿石：包括单矿物纹层状矿石与两种矿物纹层构成的互层状矿石 2 个亚类。两种矿物的纹层状矿石为菱锌矿与白铅矿的交互层（图 7-4），是矿区的主要矿石类型；单矿物层状矿石主要有方铅矿层、菱锌矿层。纹层状菱锌矿单层厚度多为 2~5mm，以自形-他形微-细粒结构为主，直径多小于 1mm，纹层状白铅矿单层厚度多为 2~3mm，以微-细粒结构为主，直径多小于 1mm，纹层状铅锌硫化物主要为微-细粒结构，其单层厚度多为 2~5mm。

图 7-4　火烧云典型矿石构造

a—层状菱锌矿（左下空穴状）；b—互层状构造（白色为白铅矿，褐色为菱锌矿）；
c—角砾状构造（土黄色为菱锌矿）；d—块状构造（方铅矿）

角砾状矿石：包括滑塌成因的角砾状矿石和热液成因的角砾状矿石2个亚类。滑塌成因的角砾状矿石中角砾成分主要为灰岩、菱锌矿，胶结物以砂泥质成分为主（图7-4）；热液成因的角砾状矿石中角砾成分以灰岩、菱锌矿、白铅矿为主，胶结物以菱锌矿为主。角砾状菱锌矿、白铅矿以自形-他形细粒结构为主。

块状矿石：包括块状菱锌矿、葡萄状菱锌矿、块状白铅矿、块状铅锌硫化物、脉状方铅矿5个亚类（图7-4）。块状菱锌矿、白铅矿、铅锌硫化物及脉状铅锌硫化物以自形-他形微-细粒结构为主，葡萄状菱锌矿以他形中粒结构为主；交代蚀变成因矿石以交代蚀变状成因的菱锌矿为主，为含矿流体交代灰岩形成，以他形微-细粒为主。

矿区矿石发育一些典型的沉积结构与构造：菱锌矿层因Fe、Mn等含量不同引起成分差异，呈韵律构造，韵律层厚约6mm，单层厚度均为3mm；菱锌矿层发育良好的粒序层；菱锌矿与方解石交互生长形成同心环状互层的鲕粒。ZK605（216.8m）于灰岩中发育2cm厚近乎直立的铅锌硫化物细脉，由内向外粒度逐渐变细，表现出定向生长结构，为成矿热液沉淀形成（董连慧等，2015）。

（三）矿床成因浅析

前文所述矿床地质特征显示火烧云铅锌矿床具层控特征，为原生沉积成因的碳酸盐型铅锌矿床。碳酸盐型铅锌矿是非硫化物铅锌矿的重要类型，常见于铅锌硫化物矿床的表生氧化带中，火烧云铅锌矿与世界上已报道的一些发育于硫化物型铅锌矿床的氧化带中的碳酸盐型铅锌矿不同。ZK605（216.8m）出现的2cm厚近乎直立的铅锌硫化物细脉，可能为富铅锌硫化物热液的运移通道。火烧云铅锌矿床成矿物质部分来自岩浆热液，将火烧云铅锌矿床与喷流-沉积成因硫化物型、硅酸盐型铅锌矿床进行对比，发现其构造背景、矿体形态、矿石结构构造等特征与喷流-沉积成因硫化物型、硅酸盐型的铅锌矿床相似。火烧云矿区发育电气石及石膏等喷流作用指示矿物，火烧云铅锌矿床矿体与围岩界线截然，成矿时代与地层年代相近，说明其具同生成矿特征。上述特征表明，火烧云铅锌矿床具喷流-沉积特点，但其为碳酸盐型铅锌矿床，是SEDEX型铅锌矿床的新类型（董连慧等，2015）。

（四）成矿期次及成矿模式

火烧云铅锌矿床的形成可划分为3个阶段（由早到晚），每两个阶段之间均发育有泥质层，铅锌硫化物以脉体的形式叠加于纹层状菱锌矿层上，局部硫化物脉体穿插于菱锌矿矿体中。三个成矿阶段介绍如下：

碳酸盐型铅锌成矿期：是矿区的主成矿阶段，该期形成的矿体产于矿区中深部及表层矿体的下部。主要形成碳酸盐型铅锌矿，如菱锌矿和白铅矿等，矿石类型包括纹层状菱锌矿与白铅矿矿石（主体）、纹层状菱锌矿、角砾状菱锌矿与白铅矿、块状菱锌矿与白铅矿、交代蚀变成因的菱锌矿。此阶段形成铅锌矿总量的95%，其中纹层状矿石为80%，交代蚀变成因矿石为8%，角砾状矿石占5%，块状矿石占2%。

碳酸盐型锌成矿期：此阶段主要发育菱锌矿，形成层状、块状及角砾状菱锌矿，该期形成的矿体分布在表层矿体的中部层位。此阶段形成铅锌矿总量的3%。

　　铅锌硫化物成矿期：此阶段主要形成铅锌硫化物，如方铅矿和闪锌矿等，以层状与块状硫化物矿石为主，多发育硫黄与电气石，此阶段形成铅锌矿总量的4%。该期形成的矿体分布于表层矿体的上部层位。

　　其中，前两个阶段是碳酸盐型铅锌矿的主要成矿阶段，形成铅锌矿总量的98%，最后一期形成的铅锌硫化物仅占铅锌矿总量的1%（董连慧等，2015）。

　　主要矿物形成阶段见表7-2。

表7-2　火烧云铅锌矿主要矿物生成期次一览表

矿物	沉积成岩成矿期		铅锌硫化物成矿期
	碳酸盐型铅锌成矿期	碳酸盐型锌成矿期	
菱锌矿	▬▬	▬	
白铅矿	▬▬	▬	
黄铁矿			▬
方铅矿			▬▬
闪锌矿			▬▬
硫黄			▬
方解石	▬	▬	
电气石	▬	▬	▬
铅矾	▬	▬	
铅重晶石	▬	▬	
石膏	▬	▬	
烧石膏	▬	▬	

　　火烧云碳酸盐型铅锌矿与硫化物型铅锌矿的发育与同一阶段的两期成矿流体有关：前两个阶段矿体的形成主要与早期的贫S且富Pb、Zn的成矿流体相关，最后一阶段铅锌矿体的形成主要与晚期富S且富Pb、Zn的成矿流体有关。在火烧云铅锌矿成矿过程中，下渗海水萃取成矿物质，形成富含金属元素、矿化剂流体，岩浆岩为其提供岩浆热液，在岩浆岩热量驱动下，成矿流体沿乔尔天山—岔路口断裂向上运移，而次级断裂则为流体的运移提供向火烧云矿区运移的通道。成矿流体运移至火烧云矿区，与富集CO_3^{2-}的海水相互作用并沉淀形成火烧云铅锌矿体。晚期硫化物型铅锌矿在成矿过程中，乔尔天山—岔路口断裂为成矿流体提供了主要通道，沿此通道成矿流体于断裂附近形成网脉状铅锌硫化物矿石。火烧云铅锌矿成矿过程中断裂发育对该区域矿床形成具有重要作用，表明构造对矿床的控制作用。

（五）铅锌矿找矿模型

　　火烧云铅锌矿的找矿标志可归结为以下几点：

　　（1）地层标志：目前区内所发现的铅锌矿主要赋存于中侏罗统龙山组第二岩性段（J_2l^2），含矿岩性主要为微晶灰岩、白云质灰岩、生物碎屑灰岩等。同时，也要关注中侏罗统龙山组第一岩性段（J_2l^1）中泥灰岩、玄武岩和白云岩。

（2）构造标志：岔路口一带内铅锌矿（化）体多产于断层发育地段，且与乔尔天山—岔路口主断裂斜交分布的次级断裂地段更利于成矿，因此区内次级断裂与主干断裂交汇部位是寻找铅锌矿的明显标志。

（3）地球化学标志：区域上的 Pb、Zn、Ag 等成矿元素综合异常特别是浓集中心部位是寻找铅锌矿的地球化学标志；同时，地化剖面高值域地段往往为矿质异常，也是寻找铅锌矿化体的有利部位。

（4）矿化蚀变标志：沿断层带及两侧岩石中碳酸盐化、褐铁矿化为近矿蚀变标志。出露地表的铅锌矿（化）体氧化及蚀变后多为黄褐色及铁锈色，与周围地质体颜色有较大差别，因此可作为直接找矿标志。

综合上述各找矿标志，区分形成矿床找矿要素，建立碳酸盐岩型铅锌矿找矿要素见表 7-3。

表 7-3　新疆火烧云碳酸盐岩型铅锌矿找矿要素表

找矿要素		具体特征	要素分类
成矿地质环境	构造背景	羌塘微板块甜水海地块中生代前陆盆地	次要
	成矿环境	以碳酸盐岩或碳酸盐岩夹碎屑岩为主的浅海盆地	重要
	成矿时代	侏罗纪	次要
	岩石类型	碳酸盐岩或碳酸盐岩夹碎屑岩，以灰岩为主	必要
	岩石构造	纹层状构造、角砾状构造、交代蚀变状构造、块状构造	次要
成矿地质特征	矿体形态	层状、透镜状	次要
	矿物组合	菱锌矿、白铅矿	重要
	矿物结构	自形–他形微–细粒结构	次要
	控矿条件	受地层和乔尔天山–岔路口断裂带及其次级断裂控制	必要
	蚀变	硅化、方解石化、石膏化、电气石化	次要
	风化	褐铁矿化、黄钾铁矾化、高岭土化	次要
物化探异常特征	磁异常	等值线大于 100nT 的航磁异常分布区叠加铅锌汞化探异常区	重要
	化探异常	铅锌元素叠加异常（1：50 万）二级浓度分带范围，附加银汞元素累加地带	次要

二、遥感找矿预测

（一）遥感找矿模型

通过对已有矿点等的综合分析，根据其遥感特征，建立集矿源层、成/控矿构造、蚀变带、遥感异常、高分遥感解译标志等于一体的典型矿床遥感找矿模型（表 7-4）。需要指出的是，由于火烧云铅锌矿发现较晚，研究程度较低，仅依据近两年来的野外地质观察和有限的资料分析所得，对其形成机制、矿床成因类型及成矿作用过程的认识还比较粗浅，有待进一步完善和修正。

表7-4　初步建立的沉积型铅锌矿遥感地质找矿模型

序号	矿床要素	具体特征
1	大地构造位置	羌塘微板块甜水海地块中生代前陆盆地
2	构造环境与成矿环境	以碳酸盐岩或碳酸盐岩夹碎屑岩为主的浅海盆地
3	容矿地层	赋存于中侏罗统龙山组第二岩性段（J_2l^2）和上白垩统铁隆滩群（K_2T）中
4	容矿岩系	含矿岩性主要为灰岩
5	矿石特征	矿石矿物成分以菱锌矿为主，白铅矿、方铅矿次之。矿石结构为自形－他形微－细粒结构。矿石构造为纹层状构造、角砾状构造、交代蚀变状构造、块状构造
6	矿化类型	硅化、方解石化、褐铁矿化、电气石化、黄钾铁矾化、高岭土化
7	控矿构造	受地层和乔尔天山—岔路口断裂带及其次级断裂控制
8	矿床成因类型	喷流沉积碳酸盐岩型铅锌矿
9	遥感蚀变异常	以岩性综合异常为主的一二级特征异常
10	矿体矿化带影像特征	Pleiades（321波段合成）图像上矿化蚀变带为白色，条带状影纹图案

岔路口一带的铅锌矿具有受地层层位和区域构造双重控制的特点，赋矿地层主要为中侏罗统龙山组和上白垩统铁隆滩群，含矿岩性包括微晶灰岩、白云质灰岩、生物碎屑灰岩及少量白云岩、砾岩、泥岩，矿体形态多为透镜状、似层状、层状，矿石矿物以菱锌矿、白铅矿、方铅矿、闪锌矿等为主，其成因类型应为与中低温热液有关的喷流沉积碳酸盐型铅锌矿，部分矿床可能受后期构造隆升影响经风化淋滤再富集成矿。

构造环境：羌塘微板块甜水海地块中生代前陆盆地，以碳酸盐岩或碳酸盐岩夹碎屑岩为主的浅海盆地。

容矿地质体：铅锌矿主要赋存于中侏罗统龙山组第二岩性段（J_2l^2）和上白垩统铁隆滩群（K_2T）中，含矿岩性主要为微晶灰岩、白云质灰岩、生物碎屑灰岩等。同时，对中侏罗统龙山组第一岩性段（J_2l^1）中泥灰岩、玄武岩、白云岩也要加以关注。

成矿/控矿构造：区内铅锌矿（化）体多产于断层发育地段，且与乔尔天山—岔路口主断裂斜交分布的次级断裂地段更利于成矿，因此区内次级断裂与主干断裂交汇部位是寻找铅锌矿的明显标志。

高分图像矿体特征：Pleiades（321波段合成）图像上矿化蚀变带为白色，条带状影纹图案（图7-5a）。

遥感异常特征：Pleiades影像以岩性综合异常为主的一二级异常（图7-5右）。

成因类型：喷流沉积碳酸盐岩型铅锌矿。

（二）遥感找矿靶区圈定

火烧云一带成矿条件优越，成矿事实众多，目前已经发现5处铅锌矿点，均位于侏罗

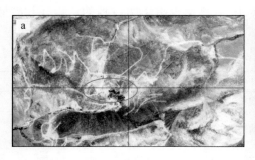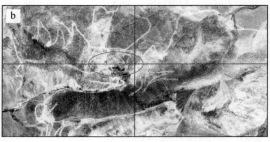

图 7-5　火烧云矿区高分影像（a）和矿致异常解译图（b）

系龙山组灰岩中，其中有 4 处与提取的矿化蚀变带吻合。根据前文确定的遥感找矿模型，在高分遥感解译中具有灰岩的解译特征，同时具有提取的蚀变带特征的地区，铅锌矿的成矿条件更为有利。根据以上的判断准则，推断在火烧云东侧既解译为龙山组灰岩又具有蚀变带特征的地区成矿条件更有利。共圈定遥感找矿靶区 3 处，其中 A 级遥感找矿靶区 1 处、B 级遥感找矿靶区 2 处（图 7-6）。所推荐 A 级找矿靶区以见到规模较大或数量较多的

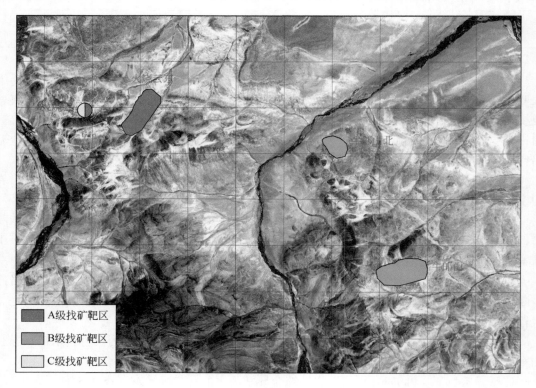

图 7-6　喀喇昆仑火烧云一带圈定的遥感找矿靶区分布图

矿体（矿化体）/矿点为圈定靶区依据，B 级找矿靶区以见到矿化体为圈定靶区依据，主要靶区均具有下一步工作价值。下面仅对火烧云东 A 级找矿靶区作主要介绍，其他类似。

1. 靶区特征

靶区位于火烧云铅锌矿东侧，直线距离400m左右，平均海拔5500m，为典型高原高山区。靶区出露中侏罗统龙山组地层，岩性为一套碳酸盐岩，主要为灰色、深灰色薄-中厚层状灰岩。

2. 预测依据

通过高分解译，区内发现一条铅锌矿化带（图7-7）。矿化带分布于所解译的北西向断层带的南侧，呈面状异常展开。遥感异常呈条带状北东向分布于矿化带内，与矿化带方向一致，异常类型为碳酸根异常，异常值高且呈串珠状连续分布，遥感异常与成矿事实吻合。矿化带区内延伸长度约500m，宽度300m。由于该区具有良好的成矿地质背景，控矿构造发育，遥感异常明显并与成矿事实吻合，靶区与碳酸盐岩型铅锌矿地质找矿模型吻合度高，因此推荐为菱铁-赤铁矿A级找矿靶区，找矿前景良好。

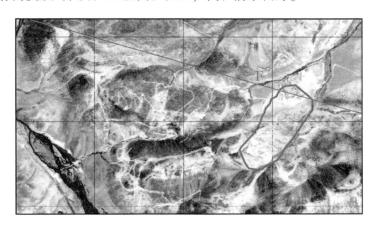

图7-7　火烧云东找矿靶区遥感异常图（红圈内）

第三节　找矿靶区优选评价

对圈定的遥感找矿靶区结合地球化学异常和野外现场查证情况确定其成矿事实，进而确认遥感找矿模型的有效性，同时实现靶区的优选评价。

一、地球化学特征

根据2000年湖北省地质调查院开展的"新疆维吾尔自治区西昆仑玉龙喀什河1∶50万水系沉积物测量"在火烧云一带圈出了HS58号综合异常。该异常为Pb、Zn与Li、Au、Ag、As、Sb、Hg及V、Co、Ni、Fe、Nb的复杂的多元素异常组合（图7-8），呈长条形北西西向展布，长80km，宽20km，面积达1650km^2，火烧云调查区总体位于该异常的北西部。其Pb、Zn局部异常众多，与Au、Ag、Sb、Hg叠合程度好，其中锌异常面积

1125km², 最大值 1125×10⁻⁶, 平均值 157.5×10⁻⁶; 铅异常面积 428km², 最大值 203.9×10⁻⁶, 平均值 61.9×10⁻⁶; 汞异常面积 525km², 最大值 150×10⁻⁶, 平均值 68.03×10⁻⁶; 锑异常面积 300km², 最大值 14.23×10⁻⁶, 平均值 2.86×10⁻⁶。Pb、Zn 等成矿元素综合异常具有规模大、元素套合好、异常强度高, 异常展布与区域构造方向一致等特点, 已发现的矿 (化) 点多, 与所圈定综合异常特别是浓集中心关系密切。因此地球化学分散流 Pb、Zn、Ag (Cu、Cr、Ni、Co、As、Mo) 高丰度值或 Pb、Zn、Ag 异常的浓集中心是找铅锌矿的重要标志。

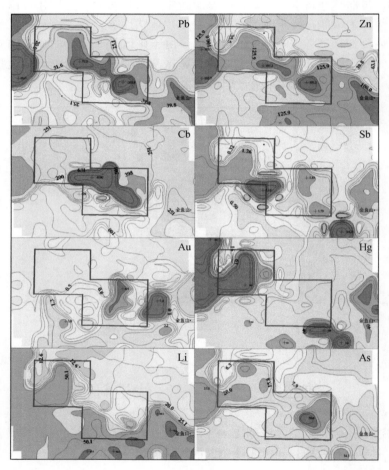

图 7-8　　火烧云一带 HS58 综合异常图 (元素分析单位为 10⁻⁶) (据湖北省地质调查院, 2000)

　　根据新疆维吾尔自治区地质矿产勘查开发局第八地质大队在火烧云一带开展的 1∶2.5 万岩屑 (土壤) 测量, 共圈定了 Pb、Zn、Au、Ag、Cu、As、Sb、Bi 和 Hg 等九种元素异常。其中, 异常相对较好的 Zn 异常 36 个, Pb 异常 28 个。铅锌单元素异常图及综合异常图见图 7-9。同样显示不仅在火烧云, 在火烧云东及其东南侧分布一条哑铃状铅锌综合异常带, 与通过遥感异常圈定的找矿靶区非常吻合, 说明所圈定的 3 个找矿靶区找矿前景非常好, 具有进一步工作价值。

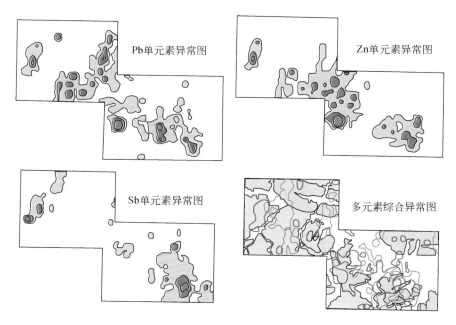

图7-9　火烧云一带找矿靶区化探异常图（据新疆维吾尔自治区地质矿产
勘查开发局第八地质大队，2014 修改）

二、野外现场查证

经野外地质调查，火烧云东铅锌矿化带位于中侏罗统龙山组（J_2l），赋矿岩系为灰色、深灰色中薄层状灰岩，产状为 10°∠10°，向南东侧为龙山组砂砾岩段，均整合接触。矿化带产状与地层产状一致，倾向约 10°，倾角 3°~8°，向东南延伸。矿体多赋存于矿化带下部，产状与矿化带产状基本一致，多呈层状、似层状、扁豆状，层控特征明显，一般厚 3.47~36.33m。

矿化带矿石矿物主要为菱锌矿（约 80%）、白铅矿（约 15%）、方铅矿（约 3%）、铅矾（约 1%），少量铅重晶石等；脉石矿物主要为方解石、石英和石膏等（表7-5，图7-10），其次为少量黄铁矿，偶见石膏、电气石、重晶石等。菱锌矿石主要为纹层状构造和块状构造，发育粗晶半自形–自形粒状结构（图7-11），粒度变化较大；铅矿主要有黑色的铅矾或方铅矿石，白色的白铅矿石等，多为条带状、角砾状构造，自形粒状结构。纯净的菱锌矿和铅矿石具共生结构特征。

表 7-5　　火烧云东找矿靶区岩矿石 X 衍射分析表

矿物名称	样号				
	15HS01	15HS02	15HS03	15HS04	15HS05
铅矾+铅重晶石	64	—	—	—	—
石膏	27	1	—	—	—
方铅矿	3	—	—	—	1
云母	4	—	—	—	—
烧石膏	2	—	—	—	—
方解石	—	97	—	—	—
石英	—	2	—	1	—
菱锌矿	—	—	97	97	18
铅矾	—	—	3	2	—
白铅矿	—	—	—	—	81

注："—"表示未检出。

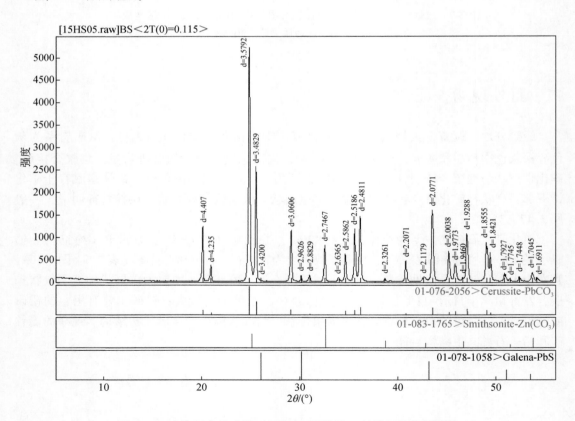

图 7-10　火烧云东找矿靶区 15HS05 号样品 X 射线衍射分析图谱

图 7-11 火烧云东典型矿石及矿物显微照片

a—黑色铅矿石；b—白铅矿矿石；c—块状菱锌矿石；d—自形粒状菱锌矿（正交偏光）；
e—菱锌矿菱形解理（正交偏光）；f—粒状黄铁矿（正交偏光）

在野外踏勘中，选取代表性强的样品进行化学分析，分析结果见表7-6。测试结果显示，单个样品最高全 Pb 品位70.10%，最低品位 1.57%，平均品位 25.70%；Zn 最高品位46.34%，最低品位0.31%，平均品位22.00%；远高于 Pb、Zn 矿最低工业品位（分别为 Pb 1.5% 和 Zn 3.0%）。部分矿石中检出镉（Cd）元素品位较高，达到综合利用价值（表7-6）。

总体上，所发现的矿化带具有层位稳定、沿走向和倾向连续性好、规模大的特征，该靶区具有重大的找矿潜力。

表 7-6　火烧云东岩矿石简项分析表

样号	Pb/%	Zn/%	Cd/10^{-6}	Mo/10^{-6}	As/10^{-6}	Sb/10^{-6}	Hg/10^{-6}	Sn/10^{-6}
15HS01	52.72	0.31	238	3.20	55.8	<0.20	196	0.75
15HS02	0.095	0.24	4.99	1.63	7.85	<0.20	9.00	0.68
15HS03	3.19	45.50	649	0.66	15.3	<0.20	11.0	0.66
15HS04	1.57	46.34	374	0.76	26.7	<0.20	29.0	0.48
15HS05	70.10	4.53	34.8	0.13	1.37	<0.20	5.00	0.42
15HS06	0.94	13.34	116	3.43	31.2	<0.20	85.5	1.62

第八章 结 语

第一节 主要成果和认识

（1）通过对新疆西昆仑—喀喇昆仑地区开展以成矿单元划分、成矿系列构建和成矿谱系厘定为重点内容的成矿规律研究，形成了西昆仑—喀喇昆仑 3-4-4-10（域–省–带–亚带）成矿带划分格局，在 III 级成矿带基础上遵循成矿系列与地质建造的关系构建了同生成矿、准同生成矿、后生成矿和表生风化成矿为主的 50 个成矿系列类别，最后根据西昆仑—喀喇昆仑大地构造演化的 5 个主要构造旋回成矿阶段厘定了喀喇昆仑成矿带区域成矿谱系，阐明了区域成矿系列的时空演化规律。

（2）通过对多种分辨率、多光谱遥感数据的波段间相关性研究，波谱实测、波谱反演研究，掌握了不同卫星数据对各类地物特性与参数的反映特征，明确了地质应用中数据融合、专题增强的技术流程与规范指标，进行了一系列服务于地质矿产遥感调查的高分数据处理与应用技术方法的实验性研究，形成了一套趋于完善的技术方法体系。

（3）充分利用 ETM、Aster、WorldView-2 和 Pleiades 等多种遥感数据进行成/控矿地层、构造、岩浆岩等要素的遥感影像应用对比研究，剖析这些成矿/控矿要素的色调、影纹、空间展布及其组合特征，分析它们与成矿的关系，为矿产预测提供重要信息，从而实现了多元、多层次遥感技术的综合应用并取得相应成果，编制了集全区域、重点区域、矿集区和矿床点 4 级格架下不同比例尺的遥感影像图、遥感岩性构造解译图和遥感异常及成矿预测图等系列图件。

（4）通过对已有矿点等的综合分析，根据其遥感特征，建立集矿源层、成矿/控矿构造、蚀变带、遥感异常、高分遥感解译标志等于一体的典型矿床遥感找矿模型。从矿产分布特征及地质矿产环境分析，西昆仑—喀喇昆仑地区塔什库尔干一带、黑恰地区和岔路口一带的优势矿种分别为磁铁矿、菱铁矿和铅锌矿，根据对赞坎铁矿床、切列克其菱铁矿床和火烧云铅锌矿的野外调查与资料综合分析分别建立了调查区磁铁矿、菱铁矿和铅锌矿遥感找矿模型。

（5）以翔实的高分岩性构造及成矿/控矿要素解译为基础，结合已知矿床的遥感调查以及基于 Aster 蚀变异常信息提取和查证，从成矿/控矿地质构造机制出发，对主要矿种或典型矿床建立了高分遥感找矿的描述模型，目前在塔什库尔干地区、黑恰地区、岔路口一带新发现一批矿化线索，并锁定一批找矿有利地段，圈定了 3 类（沉积变质型磁铁矿、海相沉积改造型菱铁矿和沉积喷流型铅锌矿）综合找矿靶区 6 处，即叶里克沟铁矿、走克本铁矿、吉尔铁克沟铁矿、赞坎东铁矿、黑恰菱铁赤铁矿和火烧云东铅锌矿找矿靶区，提交矿集区 1 处即达布达尔铁矿矿集区。

（6）系统开展了典型矿产的综合找矿方法组合研究，明确了主要矿产勘查技术方法的适用性、有效性，为找矿靶区快速优选提供了技术支撑。

（7）为较好地认识西昆仑—喀喇昆仑造山带，把握区域矿产分布的内在机制，野外和室内综合研究工作不限于调查区的遥感解译和异常查证，对典型矿床的疑难地质科学问题进行了初步探讨，对矿区出露的古元古代和早古生代地层、构造变形、不同时代侵入岩与火山岩进行了观察。通过该类涉及成矿背景和环境的研究可以了解西昆仑—喀喇昆仑地区的构造演化发展历史，为探讨西昆仑—喀喇昆仑造山带构造格局的形成及动力学机制研究提供依据，并指导区域找矿工作。

第二节　下一步工作建议

采用高分影像进行金属矿产的快速勘查评价研究，取得了部分成果，但由于区域研究程度较低，加之技术理论与实践经验的支撑明显不够，目前的研究工作存在需要进一步深入的问题。

（1）使用高分影像进行遥感地质矿产调查还处在探索阶段，统一的工作技术标准出台较晚，而且高分辨率遥感信息充足而复杂，其地质内涵发掘需要一个再认识过程，既带来了大量的解译工作也更加依赖解译人员的地质洞察力，因此如何在庞杂的信息中凝练出有用信息，进而进行合理表达是解译工作的一个难点。所以目前的成果反映还不够全面，研究深度也不够，需要进一步探索完善。

（2）目前虽然建立了3种类型的遥感找矿模型，但是研究程度参差不齐。西昆仑塔什库尔干一带的主要铁矿床完成了普查或勘探阶段，有利于产研结合和技术方法组合研究，因此该类型矿床遥感找矿模型的建立较为充分，所圈定的各级靶区也较多，但是黑恰和岔路口一带的金属矿产（铅、锌等）以往工作程度低，主要矿床类型的成矿/控矿条件、成矿规律以及后期改造等还不太清楚，建立遥感找矿模型难以把握关键因素，可能会影响遥感找矿模型的针对性和实用性，圈定靶区有难度和不确定性。

（3）西昆仑—喀喇昆仑地区的铜（钼）矿床虽然类型多样，矿床（点）较多，但近年勘查成果较少，特别是没有较为典型的、成规模的斑岩型铜（钼）矿床，该类型铜矿成矿潜力不佳。西昆仑与新疆平均铜含量水平相比，铜的富集系数仅为0.92，因此从总体上来看，西昆仑地区铜矿找矿不具优势。而且目前整个成矿带发现的铜矿只有卡拉玛铜矿、特格里曼苏铜矿及塔木其铜矿点，其余多为矿化信息，而且类型均不是斑岩型。需要在新的认识基础上考虑区域铜矿的成矿潜力和勘查方向。

（4）由于调查区1:5万以及更大比例尺的区域物探和化探工作较为零星，分布不均，容易造成对于某一特定地区不能同时获取遥感、物探、化探等不同信息资料，因此必然影响物探、化探、遥感信息的叠加分析。而且由于高精度、较大比例尺物化探资料是各个地勘单位或企业进行矿产勘查和矿权登记的核心资料，关系到各单位的切身利益，因此很难获取原始资料，给物探、化探、遥感多种手段综合找矿靶区的圈定带来了困难，因此需要进一步加强产研结合，推动找矿突破。

（5）加强区域成矿规律、典型矿床解剖研究，除了关注塔什库尔干一带的磁铁矿、黑恰的菱铁矿、火烧云的铅锌矿外，应进一步拓展调查区域，重点加强西昆仑大红柳滩一带热液型铅锌矿和伟晶岩型的稀有金属矿的研究，通过建立遥感找矿模型有望在邻近区域快速圈定找矿靶区。

参 考 文 献

陈曹军, 曹新志, 张旺生, 等. 2011. 新疆塔什库尔干地区塔阿西—塔吐鲁沟铁矿带控矿因素及找矿方向 [J]. 地质科技情报, 30 (6): 81-89.

陈登辉, 伍跃中, 李文明, 等. 2013. 西昆仑塔什库尔干地区磁铁矿矿床特征及其成因 [J]. 大地构造与成矿学, 37 (4): 671-684.

陈俊魁, 燕长海, 张旺生, 等. 2011. 新疆塔什库尔干地区磁铁矿床地质特征与找矿方向 [J]. 地质调查与研究, 34 (3): 179-189.

陈述荣, 谢家亨, 许超南, 等. 1985. 福建龙岩马坑铁矿床成因的探讨 [J]. 地球化学, 14 (4): 350-357.

陈毓川. 1994. 矿床的成矿系列 [J]. 地学前缘, 1 (3): 90-94.

陈毓川. 2003. 中国成矿体系与区域成矿评价 [R]. 北京: 中国地质科学院矿产资源研究所.

陈毓川, 裴荣富, 王登红. 2006. 三论矿床的成矿系列问题 [J]. 地质学报, 80 (10): 1501-1508.

程裕淇, 陈毓川, 赵一鸣. 1979. 初论矿床的成矿系列问题 [J]. 中国地质科学院院报, 1 (1): 32-58.

程裕淇, 陈毓川, 赵一鸣, 等. 1983. 再论矿床的成矿系列问题 [J]. 中国地质科学院院报, (6): 1-52.

丁道桂. 1996. 西昆仑造山带与盆地 [M]. 北京: 地质出版社.

丁道桂, 王道轩, 刘伟新, 等. 1996. 西昆仑造山带与盆地 [M]. 北京: 地质出版社.

丁培恩. 2005. 卡拉玛铜矿床地质特征及成因初探 [J]. 西部探矿工程, 17 (3): 83-84.

丁文君, 陈正乐, 陈柏林, 等. 2009. 河北迁安杏山铁矿床地球化学特征及其对成矿物质来源的指示 [J]. 地质力学学报, 15 (4): 363-373.

丁振举, 刘丛强, 姚书振, 等. 2000. 海底热液系统高温流体的稀土元素组成及其控制因素 [J]. 地球科学进展, 15 (3): 307-312.

董连慧, 冯京, 刘德权, 等. 2010. 新疆成矿单元划分方案研究 [J]. 新疆地质, 28 (1): 1-15.

董连慧, 李基宏, 李凤鸣, 等. 2012. 新疆铬铁矿成矿条件与勘查部署建议 [J]. 新疆地质, 30 (3): 292-299.

董连慧, 徐兴旺, 范廷宾, 等. 2015. 喀喇昆仑火烧云超大型喷流–沉积成因碳酸盐型 Pb-Zn 矿的发现及区域成矿学意义 [J]. 新疆地质, 33 (1): 41-50.

董永观, 肖惠良, 郭坤一, 等. 2002. 西昆仑地区成矿带特征 [J]. 矿床地质, 21 (增刊): 113-116.

董永观, 郭坤一, 廖圣兵, 等. 2006. 新疆西昆仑科库西里克铅锌矿床地质及元素地球化学特征 [J]. 地质学报, 80 (11): 1730-1738.

杜红星, 魏永峰, 薛春纪, 等. 2012. 多宝山铅锌矿床地质特征及地球化学研究 [J]. 新疆地质, 30 (1): 52-57.

杜小伟, 杨晓勇, 杨钟堂, 等. 2009. 印度次大陆中央构造带沉积–变质型锰矿的矿物学和地球化学 [J]. 地质科学, 44 (1): 103-117.

冯昌荣, 吴海才, 陈勇. 2011. 新疆塔什库尔干县赞坎铁矿地质特征及成因浅析 [J]. 大地构造与成矿学, 35 (3): 404-409.

冯昌荣, 何立东, 郝延海, 等. 2012. 新疆塔什库尔干县一带铁多金属矿床成矿地质特征及找矿潜力分析［J］. 大地构造与成矿学, 36 (1): 102-110.

冯京, 徐仕琪, 赵青, 等. 2010. 新疆斑岩型铜矿成矿规律及找矿方向［J］. 新疆地质, 28 (1): 43-51.

高军波, 杨瑞东, 陶平, 等. 2015. 贵州西北部泥盆系镁菱铁矿床成因研究［J］. 地质论评, 61 (6): 1305-1320.

何国金. 1995. TM 图像"微差信息处理"技术在金矿成矿预测中应用获巨大成功［J］. 国土资源遥感, 7 (4): 14.

何俊国, 周永章, 杨志军, 等. 2009. 藏南彭错林硅质岩地球化学特征及沉积环境分析［J］. 吉林大学学报 (地球科学版), 39 (6): 1055-1065.

何世平, 李荣社, 王超, 等. 2014. 青藏高原及邻区前寒武纪地质［M］. 武汉: 中国地质大学出版社.

河南省地质调查院. 2004a. 叶城县幅 1:250000 区域地质调查报告［R］.

河南省地质调查院. 2004b. 塔什库尔干塔吉克自治县幅、克克吐鲁克幅 1:250000 区域地质调查报告［R］.

河南省地质调查院. 2009. 新疆西昆仑塔什库尔干地区铁铅锌矿远景调查设计书［R］.

洪浩澜, 周涛发, 欧邦国, 等. 2015. 安徽庐枞盆地龙桥铁矿床赋矿层位碎屑锆石年代学及其对赋矿地层时代的制约研究［J］. 地质学报, 89 (7): 1258-1272.

胡建卫, 庄道泽, 杨万志. 2010. 新疆西南部塔什库尔干地区赞坎铁矿综合信息预测模型及其在区域预测中的应用［J］. 地质通报, 29 (10): 549-557.

胡庆雯, 刘宏林, 朱红英. 2008. 塔木-卡兰古铅锌铜 (银钴) 矿成矿背景探讨［J］. 有色金属, 60 (4): 11-16.

湖北省地质调查院. 2000. 新疆维吾尔自治区西昆仑玉龙喀什河 1:50 万水系沉积物测量报告［R］.

吉林大学. 2008. 新疆西昆仑地区成矿条件研究成果报告［R］.

计文化, 李荣社, 陈守建, 等. 2011. 甜水海地块古元古代火山岩的发现及其地质意义［J］. 中国科学: 地球科学, 41 (9): 1268-1280.

计文化, 陈守建, 李荣社, 等. 2014. 青藏高原及邻区古生代构造-岩相古地理综合研究［M］. 武汉: 中国地质大学出版社.

贾群子, 李文明, 于浦生. 1999. 西昆仑块状硫化物矿床条件和成矿预测［M］. 北京: 地质出版社.

简平, 程裕淇, 刘敦一. 2001. 变质锆石成因的岩相学研究——高级变质岩 U-Pb 年龄解释的基本依据［J］. 地学前缘, 8 (3): 183-191.

江纳言, 贾蓉芬, 王子玉. 1994. 下扬子区二叠纪古地理和地球化学环境［M］. 北京: 石油工业出版社: 65-90.

姜春发, 杨经绥, 冯秉贵, 等. 1992. 昆仑开合构造研究报告［R］. 北京: 中国地质科学院地质研究所.

姜春发, 王宗起, 李锦铁. 2000. 中央造山带开合构造［M］. 北京: 地质出版社.

姜耀辉, 周珣若. 1999. 西昆仑造山带花岗岩岩石学与构造岩浆动力学［J］. 现代地质, 13 (4): 378.

姜耀辉, 丙行健, 郭坤一, 等. 2000. 西昆仑造山带花岗岩形成的构造环境［J］. 地球学报, 21 (1): 23-25.

匡文龙, 刘继顺, 朱自强. 2003. 西昆仑上其汗地区块状硫化物矿床的区域成矿条件［J］. 矿物岩石地球化学通报, 22 (1): 42-46.

李博秦. 2002. 普鲁裂谷火山岩带块状硫化物矿床特征及找矿远景分析［J］. 陕西地质, 20 (2): 59-65.

李博秦, 姚建新, 王峰, 等. 2007. 西昆仑麻扎-黑恰达坂多金属矿化带的发现及地质意义［J］. 地质论评, 53 (4): 571-576.

李凤鸣, 彭湘萍, 张勤军. 2010. 西昆仑切列克其菱铁矿床特征及成矿模式 [J]. 新疆地质, 28 (3): 274-279.

李锦轶. 2012. 对大地构造研究与矿产勘查评价之间关系的初步认识 [J]. 西北地质, 45 (S1): 5-8.

李荣社, 计文化, 杨永成, 等. 2008. 昆仑山及邻区地质 [M]. 北京: 地质出版社.

李文渊. 2013. 大陆生长演化与成矿作用讨论 [J]. 西北地质, 46 (1): 1-10.

李先军, 赵祖应. 2009. 西昆仑北段矿产分布特征及找矿方向浅析 [J]. 地质与勘探, 45 (2): 1-7.

李志红, 朱祥坤, 唐索寒. 2008. 鞍山–本溪地区条带状铁建造的铁同位素与稀土元素特征及其对成矿物质来源的指示 [J]. 岩石矿物学杂志, 27 (4): 285-290.

刘成, 王丹丽, 李笑梅. 2003. 用混合像元线性模型提取中等植被覆盖区的粘土蚀变信息 [J]. 遥感技术与应用, 18 (2): 95-98.

刘春涌, 刘拓. 1998. 新疆云雾岭铜矿化的发现及其意义 [J]. 新疆地质, 16 (2): 185-187.

刘春涌, 刘拓, 杨万志, 等. 2000. 新疆云雾岭地质、地球化学和自然重砂特征 [J]. 新疆有色金属, 29 (2): 1-9.

刘德权, 唐延龄, 周汝洪. 2001. 新疆斑岩铜矿的成矿条件和远景. 新疆地质, 19 (1): 43-48.

刘建辉, 刘敦一, 张玉海, 等. 2011. 使用 SHRIMP 测定锆石铀–铅年龄的选点技巧 [J]. 岩矿测试, 30 (3): 265-268.

刘荣, 方庆新, 李燕, 等. 2009. 新疆云雾岭斑状二长花岗岩体锆石 SHRIMP U-Pb 年龄及构造意义 [J]. 新疆地质, 27 (1): 10-14.

刘素红, 马建文, 蔺启忠. 2000. 通过 Gram-Schmidt 投影方法在高山区提取 TM 数据中含矿蚀变带信息 [J]. 地质与勘探, 36 (5): 62-65.

马建文. 1997. 利用 TM 数据快速提取含矿蚀变带方法研究 [J]. 遥感学报, 1 (3): 208-213.

孟旭阳, 张东阳, 闫兴虎, 等. 2014. 河南窑场和辽宁思山岭铁矿磁铁矿矿物学和氧同位素特征对比——对 BIF 型铁矿成因与形成环境的启示 [J]. 岩石矿物学杂志, 33 (1): 109-126.

乔耿彪, 伍跃中, 尹传明, 等. 2012. 西昆仑库地蛇绿岩铬铁矿中铬尖晶石化学特征及其地质意义 [J]. 西北地质, 45 (4): 346-356.

乔耿彪, 伍跃中, 杨合群. 2013. 新疆西昆仑地区各成矿单元特征及找矿方向 [C] //孟宪来. 中国地质学会 2013 学术年会论文摘要汇编: 下册. 北京: 中国地质学会: 103-108.

乔耿彪, 王萍, 伍跃中, 等. 2015a. 新疆喀喇昆仑成矿带成矿规律概论 [J]. 吉林大学学报 (地球科学版), 45 (4): 1073-1085.

乔耿彪, 王萍, 伍跃中, 等. 2015b. 西昆仑塔什库尔干陆块赞坎铁矿赋矿地层形成时代及其地质意义 [J]. 中国地质, 42 (3): 616-629.

乔耿彪, 王萍, 王志华, 等. 2016. 西昆仑切列克其菱铁矿床地质地球化学特征及其对矿床成因的制约 [J]. 地质学报, 90 (10): 2830-2846.

乔旭亮. 2010. 浅析东昆仑西段南带斑岩型铜矿点的找矿意义 [J]. 太原科技, 31 (2): 68-69.

任纪舜. 1999. 从全球看中国大地构造 (中国及邻区大地构造图) [M]. 北京: 地质出版社.

陕西省地质调查院. 2003a. 伯力克幅 1∶250000 区域地质调查报告 [R].

陕西省地质调查院. 2003b. 于田县幅 1∶250000 区域地质调查报告 [R].

陕西省地质调查院. 2004. 麻扎幅神仙湾幅 1∶250000 区域地质调查报告 [R].

陕西省地质调查院. 2006a. 阿克萨依湖幅 1∶250000 区域地质调查报告 [R].

陕西省地质调查院. 2006b. 康西瓦幅 1∶250000 区域地质调查报告 [R].

陕西省地质调查院. 2006c. 岔路口幅 1∶250000 区域地质调查报告 [R].

沈其韩，宋会侠，赵子然．2009．山东韩旺新太古代条带状铁矿的稀土和微量元素特征［J］．地球学报，
　　30（6）：693-699.

沈其韩，宋会侠，杨崇辉，等．2011．山西五台山和冀东迁安地区条带状铁矿的岩石化学特征及其地质
　　意义［J］．岩石矿物学杂志，30（2）：161-171.

宋彪，张玉海，万渝生，等．2002．锆石 SHRIMP 样品靶制作、年龄测定及有关现象讨论［J］．地质论
　　评，48（S1）：26-30.

孙海田，李纯杰，吴海，等．2003．西昆仑金属成矿省概论［M］．北京：地质出版社．

孙海田，李纯杰，李锦平，等．2004．新疆昆仑式火山岩型块状硫化物铜矿床及成矿地质环境［J］．矿
　　床地质，23（1）：82-92.

唐小东，王战华，张绍俊，等．2003．昆盖山北坡依迈克–塔西克西韧性剪切带控矿特征分析［J］．新
　　疆地质，21（4）：501-503.

汪来群，赵祖应．2009．新疆土根曼苏铜矿地质特征及远景评价［J］．资源环境与工程，23（3）：
　　254-258.

王登红，陈毓川，李红阳，等．1998．新疆阿尔泰造山带成矿规律成矿系列研究进展［J］．地质论评．
　　44（1）：62.

王登红，陈世平，王虹，等．2007．成矿谱系研究及对东天山铁矿找矿问题的探讨［J］．大地构造与成
　　矿学，31（2）：186-192.

王庆明．1997．新疆东昆仑山西段砂金矿特征及成因探讨［J］．新疆地质，15（4）：321-326.

王世称，陈永清．1994．成矿系列预测的基本原则及特点［J］．地质找矿论丛，9（4）：79-85.

王守伦，刘其严，张殿学，等．1993．闽粤地区海底热液喷气成因铁矿床的地球化学特征［J］．地质找
　　矿论丛，8（3）：14-27.

王书来，祝新友，汪东波，等．1999．新疆布仑口铜矿带地质特征及找矿方向［J］．有色金属矿产与勘
　　查，8（4）：198-202.

王书来，汪东波，祝新友．2000．新疆西昆仑金（铜）矿找矿前景分析［J］．地质找矿论丛，15（3）：
　　224-229.

吴攀登，张占武，王世伟．2012．民丰肖尔库勒中型锑矿床化探找矿技术分析［J］．新疆地质，
　　30（3）：368-369.

相鹏，崔敏利，吴华英，等．2012．河北滦平周台子条带状铁矿地质特征、围岩时代及其地质意义［J］．
　　岩石学报，28（11）：3655-3669.

谢建成，杜建国，许卫，等．2006．安徽贵池地区含锰岩系地质地球化学特征［J］．地质论评，
　　52（3）：396-408.

谢渝，舒林，司勇．2011．新疆甜水海地区乔尔天山一带找矿潜力浅析［J］．西部探矿工程，23（11）：
　　157-159.

辛存林，都卫东，魏明，等．2012．新疆西昆仑地区塔卡提铅锌矿地质特征与成矿远景［J］．兰州大学
　　学报（自然科学版），48（1）：20-26.

新疆 358 项目管理办公室．2012．新疆 358 项目进展与成果［R］．

新疆维吾尔自治区地质调查院．2002．木孜塔格幅 1∶250000 区域地质调查报告［R］．

新疆维吾尔自治区地质调查院．2012．新疆维吾尔自治区铁矿产资源潜力评价成果报告［R］．

新疆维吾尔自治区地质矿产局．1993．新疆维吾尔自治区区域地质志［M］．北京：地质出版社．

新疆维吾尔自治区地质矿产勘查开发局．1996．新疆维吾尔自治区区域矿产总结［R］．

新疆维吾尔自治区地质矿产勘查开发局．2010．新疆维吾尔自治区矿产资源潜力评价成果报告［R］．

新疆维吾尔自治区地质矿产勘查开发局第八地质大队．2014．新疆和田县火烧云铅锌矿调查评价新开工

作项目可行性报告［R］.

新疆维吾尔自治区地质矿产勘查开发局第二地质大队. 2012. 新疆阿克陶县切列克其铁矿外围普查设计［R］.

新疆维吾尔自治区地质矿产勘查开发局第十一地质大队. 2012. 新疆西昆仑乔尔天山-岔路口一带资源潜力评价立项设计［R］.

徐晓春，赵丽丽，谢巧勤，等. 2009. 铜陵狮子山矿田金矿床和铜矿床矿石稀土元素地球化学［J］. 高校地质学报，15（1）：35-47.

徐志刚，陈毓川，王登红，等. 2008. 中国成矿区带划分方案［M］. 北京：地质出版社.

燕长海，陈曹军，曹新志，等. 2012. 新疆塔什库尔干地区"帕米尔式"铁矿床的发现及其地质意义［J］. 地质通报，31（4）：549-557.

杨合群，宋忠宝，王兴安，等. 2003. 北祁连山大坂大岔地区蛇绿岩含矿性［J］. 西北地质，36（3）：50-56.

杨合群，赵国斌，谭文娟，等. 2012. 论成矿系列与地质建造的关系［J］. 地质与勘探，48（6）：1093-1100.

杨文强，刘良，曹玉亭，等. 2011. 西昆仑塔什库尔干印支期（高压）变质事件的确定及其构造地质意义［J］. 中国科学：地球科学，41（8）：1047-1060.

杨屹，陈宣华，靳红，等. 2006. 新疆东昆仑黄羊岭锑矿床地质特征及成矿规律［J］. 新疆地质，24（3）：261-266.

于晓飞，孙丰月，侯增谦，等. 2012. 新疆塔什库尔干斯如依迭尔铅锌矿区花岗闪长岩锆石 U-Pb 定年及其意义［J］. 岩石学报，28（12）：4151-4160.

禹秀艳，李甲平，汪立今，等. 2011. 新疆塔什库尔干祖母绿（绿柱石）成矿区域地质背景研究［J］. 地球学报，32（4）：419-426.

臧文拴，吴淦国，张达，等. 2004. 铜陵新桥铁矿田地质地球化学特征及成因浅析［J］. 大地构造与成矿学，28（2）：187-193.

曾威，孙丰月，张雪梅，等. 2012. 新疆西昆仑特格里曼苏砂岩型铜矿地质特征及成因探讨［J］. 地质找矿论丛，27（3）：284-290.

张传林，于海锋，沈家林，等. 2004. 西昆仑库地伟晶辉长岩和玄武岩锆石 SHRIMP 年龄：库地蛇绿岩的解体［J］. 地质论评，50（6）：639-643.

张传林，陆松年，于海锋，等. 2007. 青藏高原北缘西昆仑造山带构造演化：来自锆石 SHRIMP 及 LA-ICP-MS 测年的证据［J］. 中国科学 D 辑：地球科学，37（2）：145-154.

张连昌，翟明国，万渝生，等. 2012. 华北克拉通前寒武纪 BIF 铁矿研究：进展与问题［J］. 岩石学报，28（11）：3431-3445.

张士，李国胜. 1989. 河南义马石千峰组沉积环境探讨［J］. 地质论评，35（4）：374-382.

张玉君，曾朝铭，陈薇. 2003. ETM$^+$（TM）蚀变遥感异常提取方法研究与应用——方法选择和技术流程［J］. 国土资源遥感，15（2）：44-49.

张远飞，吴健生. 1999. 基于遥感图像提取矿化蚀变信息［J］. 有色金属矿产与勘查，2（6）：604-606.

赵元洪，张福祥，陈南峰. 1991. 波段比值的主成分复合在热液蚀变信息提取中的应用［J］. 国土资源遥感，3（3）：12-17.

中国地质科学院矿产综合利用研究所. 2012. 新疆回风口地区锑金多金属资源远景调查立项报告［R］.

中国国土资源航空物探遥感中心. 2001. 青藏高原中西部 1：100 万航磁调查报告［R］.

中国科学院青藏高原综合科学考察队. 2000. 喀喇昆仑山–昆仑山地区地质演化［M］. 北京：科学出版社.

中国冶金地质总局西北地质勘查院. 2010. 新疆策勒县恰哈铜金矿远景调查立项报告［R］.

周兵，孙义选，孔德懿．2011．新疆大红柳滩地区稀有金属矿成矿地质特征及找矿前景［J］．四川地质学报，31（3）：288-292．

周小康，杜少喜，彭海练，等．2009．塔里木南缘铁克里克铁矿成矿地质条件与找矿前景分析［J］．陕西地质，27（1）：27-36．

周小平．2006．新疆阿克陶县布伦口铜矿地质特征［J］．新疆有色金属，35（1）：18-23．

祝平．2001．明铁盖罗布盖子沟多金属矿化区地质特征与成矿模式［J］．西北地质，34（3）：54-61．

祝新友，汪东波，王书来．2000．新疆阿克陶县塔木-卡兰古铅锌矿带矿体地质特征［J］．地质与勘探，36（6）：32-35．

Adachi M，Yamamoto K，Sugisaki R．1986．Hydrothermal chert and associated siliceous rocks from the Northern Pacific，their geological significance as indication of ocean ridge activity［J］．Sedimentary Geology，47：125-148．

Belousova E A，Griffin W L，O'Reilly S Y，et al．2002．Igneous zircon：trace element composition as an indicator of source rock type［J］．Contrib Mineral Petrol，143：602-622．

Brookins D G．1989．Aqueous geochemistry of rare earth elements［J］．Reviews in Mineralogy & Geochemistry，21（1）：201-225．

Davis D W，Williams I S，Krogh T E．2003．Historical development of zircon geochronology［J］．Reviews in Mineralogy & Geochemistry，53：145-173．

Friedman I，O'Neil J R．1977．Compilation of stable isotope fractionation factors of geochemical interest［C］//Fleischer M．Data of geochemical（sixth edition）．US GS Professional Paper：440．

Griffin W L，Belousova E A，Shee S R，et al．2004．Archean crustal evolution in the Northern Yilgarn craton：U-Pb and Hf-isotope evidence from detrital zircons［J］．Precambrian Research，131：231-282．

Gromet L P，Dymek R F，Haskin L A，et al．1984．The "North American shale composite"：its compilation，major and trace element characteristics［J］．Geochimica et Cosmochimica Acta，48：2469-2482．

Hoskin P W O，Schaltegger U．2003．The composition of zircon and igneous and metamorphic petrogenesis［J］．Reviews in Mineralogy & Geochemistry，53：27-62．

Ireland T R，Williams I S．2003．Considerations in zircon geochronology by SIMS［J］．Reviews in Mineralogy & Geochemistry，53：215-227．

Ludwig K R．2001．Squid 1.02：a user's manual［J］．Berkeley Center Special Publication，California，2：1-21．

Murray R W．1994．Chemical criteria to identify the depositional environment of chert：general principles and application［J］．Sedimentary Geology，90：213-232．

Nichlson K．1992a．Contrasting mineralogical-geochemical signatures of manganese guides to metallogenesis［J］．Economic Geology，187：1253-1264．

Nicholson K．1992b．Genetic types of manganese oxide deposits in Scotland：indicators of paleo-ocean-spreading rate and a devonian geochemical mobility boundary［J］．Economic Geology，87：1301-1309．

Sheppard S M F，Gustafson L B．1976．Oxygen and hydrogen isotopes in the porphyry copper deposit at El Salvador，Chile［J］．Economic Geology，71：1549-1559．

Stacey J S，Kranmers J D．1975．Approximation of terrestrial lead isotope evolution by a two-stage model［J］．Earth and Planetary Sciences Letters，26（2）：207-221．

Sun S S，McDonough W F．1989．Chemical and isotope systematics of oceanic basalts：implications for mantle composition and processes．Geological Society London Special Publications，42（1）：313-345．

Sverjensky D A．1984．Europium redox equilibria in aqueous solution［J］．Earth and Planet Science Letter，

67：70-78.

Taylor S R, McLennan S M. 1981. The continental crust：its composition and evolution ［M］. Oxford：Blackwell Scientific Publication：260-430.

Williams I S. 1998. U-Th-Pb geochronology by Ion Microprobe ［J］. Reviews in Economic Geology, 7：1-35.

Yamamoto K. 1987. Geochemical characteristics and depositional environments of chert and associated rocks in the Franciscan and Shimanto Terranes ［J］. Sedimentary Geology, 52：65-108.

Zhai M G, Windley B F. 1990. The Archaean and Proterozoic banded iron formations of North China：their characteristics, geotectonic relations, chemistry and implications for crustal growth ［J］. Precambrian Research, 48：267-286.

Zhang L C, Zhai M G, Zhang X J, et al. 2012. Formation age and tectonic setting of the Shirengou Neoarchean banded iron deposit in eastern Hebei Province：constraints from geochemistry and SIMS zircon U-Pb dating ［J］. Precambrian Research, 222-223：325-338.